新疆特色乳产业标准系列丛书

新疆驼乳

产业标准体系

◎ 赵艳坤　刘慧敏　王　帅　等　编著

中国农业科学技术出版社

图书在版编目(CIP)数据

新疆驼乳产业标准体系 / 赵艳坤等编著. --北京：中国农业科学技术出版社，2023.12

ISBN 978-7-5116-6456-3

Ⅰ.①新…　Ⅱ.①赵…　Ⅲ.①骆驼-乳品工业-行业标准-标准体系-新疆　Ⅳ.①F426.82

中国国家版本馆 CIP 数据核字(2023)第 188525 号

责任编辑　金　迪
责任校对　贾若妍　李向荣
责任印制　姜义伟　王思文

出 版 者　中国农业科学技术出版社
北京市中关村南大街 12 号　　邮编：100081
电　　话　(010) 82106625 (编辑室)　　(010) 82109702 (发行部)
(010) 82109709 (读者服务部)
网　　址　https://castp.caas.cn
经 销 者　各地新华书店
印 刷 者　北京建宏印刷有限公司
开　　本　170 mm×240 mm　1/16
印　　张　7.25
字　　数　138 千字
版　　次　2023 年 12 月第 1 版　2023 年 12 月第 1 次印刷
定　　价　56.00 元

《新疆驼乳产业标准体系》
编委会

主 编 著： 赵艳坤　刘慧敏　王　帅

副主编著： 陈　贺　郑　楠　王　成　岳海涛　王玉堂　王富兰　山格尔丽

编著人员（按姓氏笔画排序）：

马洪鹏　马宪兰　马锦陆　王　涛

孔德鹏　朱　宁　华震宇　多倩倩

刘政宇　孙　苗　杨　飞　杨新月

李跟笑　张　勇　张红艳　张寅生

邵　伟　武亚婷　孟　璐　赵苏亚

俞金燕　娄肖肖　秦亚楠　徐　敏

徐晓炜　高　璇　高姣姣　郭同军

郭孝敬　曹双瑜　童刚平　蔡扩军

前　言

新疆是我国重要的骆驼养殖基地之一，占全国养驼量的52%左右，驼乳年产量约6万吨，居全国首位。国家高度重视新疆骆驼产业的发展，明确指出鼓励新疆发展双峰驼养殖，改善产奶性能，提升肉等产品品质，将骆驼产业纳入“十四五”全国畜牧行业发展规划之中。骆驼产业是新疆牧民增收的基础产业，对乡村振兴和脱贫攻坚发挥了重要支撑作用，因此，大力发展新疆骆驼产业具有重要意义。

近年来，新疆的驼乳产业快速发展，已逐步形成了规模化、产业化的驼乳及其制品生产体系。随着驼乳产业的市场拓展和产品多样化，新疆驼乳产品走向国内外市场，受到消费者的认可和关注。现阶段，标准化对于驼乳产业的发展至关重要。为此，编写组详细阐述了驼乳产业的发展现状，系统梳理了新疆与驼乳产业相关的现行有效标准，并总结分析了驼乳产业发展存在的问题，提出了对策和建议，以期为驼乳生产者、经营者、监管人员、科研工作者以及消费者等行业同仁提供参考。

在本书编写过程中，因作者时间和水平有限，书中存在的不足之处敬请广大读者批评指正。

编著者

2023年11月

目　录

第一章

新疆驼乳产业发展现状

新疆是我国重要的畜牧业养殖基地，随着“一带一路”倡议的推动，新疆作为我国驼乳产业的重要主产区之一，拥有广阔的草原资源和适宜的气候条件，为驼乳的生产提供了得天独厚的自然环境，驼乳产业也进入了快速发展的阶段。而且，随着国内消费者对健康食品需求的增加，预计未来几年新疆驼乳市场规模还将继续扩大。

新疆地处我国的西北边陲，气候干燥，适宜饲养驼群，因此新疆的驼乳产业发展较为成熟。截至目前，新疆养殖骆驼存栏近 28. 4 万峰，驼乳年产量达 5. 5 万吨，主要分布在阿勒泰、阿克苏、哈密、昌吉等地。根据不同区域，新疆的驼乳品种主要有双峰驼、单峰驼和草原驼。驼乳制品加工企业共 31 家，驼乳制品的品类丰富，包括鲜驼奶、驼乳粉、驼乳酸奶、驼乳乳酪、驼乳巧克力等多种产品。这些产品不仅在国内市场有一定的销售量，也逐渐出口到国际市场。

新疆的驼乳产业目前已经初步形成了一条完整的产业链。从骆驼养殖、饲养管理到加工生产和销售，每个环节都得到了相应的规范和专业化，同时出台了多项相关标准。各地区、团体出台驼乳相关标准，本文汇总了各类驼乳相关标准，为驼乳国家标准的制定提供建议。

新疆驼乳产业在政府的支持下取得了显著成绩，发展潜力巨大。随着人们对健康食品需求的不断增长，驼乳作为一种高品质、有机的产品，将继续受到市场的青睐。驼乳相关标准的制定是驼乳产业健康发展的重要保障。在标准制定过程中，应更加注重科学性、系统性和先进性，同时要充分考虑消费者需求和市场需求，为驼乳产业的发展提供有力保障。新疆驼乳产业进一步加强标准化建设、品牌推广和市场开拓，以提高竞争力，实现更长远的可持续发展。

第二章

新疆驼乳产业标准综述

驼乳产业是近年来迅猛发展的一个行业，然而在快速发展过程中也出现了许多问题。首先是驼乳产品质量参差不齐的问题，由于缺乏统一的驼乳标准，市场上存在着一些质量不过关的产品，这对行业的发展造成了不利影响。驼乳标准的制定和完善对规范和统一驼乳及其产品安全和质量有着重要意义，既可以促进驼乳产业健康发展，又起到保护消费者权益、促进国内外贸易、保护特色产品地域品牌等重要作用。

第一节　驼乳标准简述

一、生驼乳标准

生驼乳的标准对驼乳产品生产中重要的指标、污染物与真菌霉素指标是重要的生驼乳安全指标。由表 2. 1 可知，标准采用 GB 2762—2022《食品安全国家标准食品中污染物限量》和 GB 2761—2017《食品安全国家标准食品中真菌毒素限量》标准规定。

表 2. 1　标准污染物和真菌毒素指标

项目		指标	检验方法
铅（以 Pb 计）/(mg/kg)	≤	0. 02	GB 5009. 12
总汞（以 Hg 计）/(mg/kg)	≤	0. 01	GB 5009. 17
总砷（以 As 计）/(mg/kg)	≤	0. 1	GB 5009. 11
铬（以 Cr 计）/(mg/kg)	≤	0. 3	GB 5009. 123
亚硝酸盐（以 $NaNO_2$ 计）/(mg/kg)	≤	0. 4	GB 5009. 33
黄曲霉毒素 M_1/(μg/kg)	≤	0. 5	GB 5009. 24

生驼乳中微生物含量对驼乳食品安全指标具有重要影响。微生物是指微观的生物体，包括细菌、霉菌和酵母等。生驼乳中微生物的含量越高，食品安全指标就越低。标准规定生驼乳中微生物菌落总数低于 2×10^6 CFU/mL。标准还规定了农药残留限量和兽药残留限量，规定农药残留限量应符合 GB 2763《食品安全国家标准　食品中农药最大残留限量》，兽药残留限量应符合国家有关规定和公告。

二、巴氏杀菌驼乳标准

标准对污染物与真菌毒素指标与生驼乳指标相同。采取 GB 2762—2022

《食品安全国家标准　食品中污染物限量》和 GB 2761—2017《食品安全国家标准　食品中真菌毒素限量》标准规定。标准还明确了巴氏杀菌驼乳中的微生物指标，如表 2.2 所示，其中致病菌限量指标金黄色葡萄球菌和沙门氏菌符合 GB 29921《食品安全国家标准　预包装食品中致病菌限量》。

表 2.2　巴氏杀菌驼乳微生物指标

项目	采样方案[a]及限量/(CFU/g)				检验方法
	n	c	m	M	
菌落总数	5	2	5.0×10^4	1.0×10^5	GB 4789.2
大肠菌群	5	2	1	5	GB 4789.3 平板计数法
金黄色葡萄球菌	5	0	0/25g（mL）	-	GB 4789.10 定性检验
沙门氏菌	5	0	0/25g（mL）	-	GB 4789.4

注：[a]样品的分析及处理按 GB 4789.1 和 GB 4789.18 执行。

三、灭菌驼乳标准

灭菌驼乳标准的制定和遵循对于确保产品的安全和质量，增加消费者信任以及促进行业发展具有重要的意义。DBS 15/017—2019《食品安全地方标准　灭菌驼乳》中对微生物指标未作出明确规定，符合商业无菌要求即可；对污染物与真菌毒素指标，采取 GB 2762—2022《食品安全国家标准　食品中污染物限量》和 GB 2761—2017《食品安全国家标准　食品中真菌毒素限量》标准规定。而 DBS 65/012—2023《食品安全地方标准　灭菌驼乳》与其他两者存在差异。如表 2.3 所示，铅的限量指标高于国家标准，并且未对亚硝酸盐的限量做出规定。

表 2.3　DBS 65/012—2023 污染物和真菌毒素指标

项目		指标	检验方法
铅（以 Pb 计）/(mg/kg)	≤	0.05	GB 5009.12
总汞（以 Hg 计）/(mg/kg)	≤	0.01	GB 5009.17
总砷（以 As 计）/(mg/kg)	≤	0.1	GB 5009.11
铬（以 Cr 计）/(mg/kg)	≤	0.3	GB 5009.123
黄曲霉毒素 M_1/(μg/kg)	≤	0.5	GB 5009.24

第二节　驼乳产业标准的建议

一、形成驼乳产业国家标准

新疆拥有丰富的驼乳资源和悠久的骆驼养殖历史，驼乳及其相关产品在国内外市场具有广阔的发展前景。然而，由于缺乏行业标准的统一规范，很多国内驼乳产品无法通过国际质量认证，应尽快形成驼乳产业国家标准，解决目前面临的出口受限等问题。制定国家标准可以提升产品的质量标准和口碑声誉，提高产品的竞争力和市场准入门槛，从而推动国内驼乳产业融入全球市场，促进行业的快速发展。

形成驼乳国家标准对驼乳生产以及骆驼养殖行业均有重要意义。首先，制定国家标准可以规范驼乳产业的生产和经营活动，确保产品的质量和安全性。驼乳产业作为近年来兴起的行业，驼乳的质量和品质直接影响消费者的健康和利益。通过制定国家标准，建立起一套全面的质量监管体系，对生产工艺、产品规格、原材料选择、加工技术等方面统一规范。可以拉平各个企业之间的竞争起点，避免出现恶性竞争和不正当竞争行为。提高行业的整体技术水平和生产效率，提高创新能力和品牌建设水平，进一步提升驼乳产业在国内外市场的竞争力。形成驼乳产业国家标准可以促进产业链的规范化和可持续发展。国家标准可以明确各个环节的要求和指引，促进产业链的规范化运行，提高资源的利用效率和产业的可持续发展性。

二、制定驼乳品质相关标准的建议

驼乳的质量和标准制定不仅仅是对产品本身的要求，还需要在生产过程中严格控制。建议确立从驼只饲养管理、饲料管理到采集和加工的全过程监管规程，包括驼只饲养环境标准、驼只健康状况评估、采集方式规范以及加工过程中的卫生安全控制等。这样可以确保生产者具备一定的管理能力和标准化操作能力，从而提高产品的质量和标准。

生产工艺应遵循卫生标准，采用先进技术和检测手段，提高产品的纯度和安全性。应注重产品的保质期和储存条件，以确保产品的新鲜度和品质稳定性；未来的驼乳标准制定还应注重产品的生产过程和生产者的管理能力。

驼乳品质标准的制定对于确保驼乳产品质量和安全至关重要。随着人们对驼乳产品的需求不断增长，制定专业的标准将有助于提高产品的市场竞争力，满足消费者对质量和安全的需求。为确保驼乳制品达到一定的质量特征，需要标准设定一系列的物理、化学和微生物指标。这些指标应基于科学研究和行业实践，从而确保产品的基本要求得到满足。物理指标可以包括驼乳的颜色、外观和纯度等，化学指标可以包括脂肪、蛋白质、糖分和微量元素的含量，而微生物指标则需要规定细菌、霉菌和真菌等有害微生物的存在。通过设定这些标准，可以保证驼乳产品的质量和安全性；驼乳产品质量标准的制定需要关注产品的原料和生产工艺。

第三章

新疆驼乳产品标准

【行业标准】

中国乳制品工业行业标准
生驼乳
Raw camel milk

标准号：RHB 900—2017
发布日期：2017-03-12　　实施日期：2017-03-12
发布单位：中国乳制品工业协会

前　言

驼乳是我国特种乳资源，其干物质含量高，营养物质丰富，为发挥和有效利用驼乳的资源优势，引导和规范驼乳产业的健康发展，特制定本标准。

本标准按照 GB/T 1.1—2009 的编写规则起草。

本标准由中国乳制品工业协会提出并归口。

本标准由新疆金驼投资股份有限公司起草。

本标准主要起草人：赵维良、张明、葛绍阳、海彦禄。

1　范围

本规范规定了生驼乳的术语和定义、技术要求、运输和贮存。

本规范适用于生驼乳，不适用于即食生驼乳。

2　规范性引用文件

下列文件对于本文件的应用是必不可少的，凡是注日期的引用文件，仅注日期的版本适用于本文件，凡是不注日期的引用文件，其最新版本（包括所有的修改单）适用于本文件。

GB 2761　食品安全国家标准　食品中真菌毒素限量
GB 2762　食品安全国家标准　食品中污染物限量
GB 2763　食品安全国家标准　食品中农药最大残留限量
GB 4789.2　食品安全国家标准　食品微生物学检验　菌落总数测定
GB 5009.5　食品安全国家标准　食品中蛋白质的测定
GB 5413.3　食品安全国家标准　婴幼儿食品和乳品中脂肪的测定

GB 5413.30　食品安全国家标准　乳和乳制品杂质度的测定
GB 5413.33　食品安全国家标准　生乳相对密度的测定
GB 5413.34　食品安全国家标准　乳和乳制品酸度的测定
GB 5413.39　食品安全国家标准　乳和乳制品中非脂乳固体的测定

3　术语和定义

3.1　生驼乳 raw camel milk

从符合国家有关要求的健康奶驼乳房中挤出的无任何成分改变的常乳，产驼羔后 30 天内的乳、应用抗生素期间和休药期间的乳汁、变质乳不应用作生乳。

4　技术要求

4.1　感官要求

应符合表 1 的规定。

表 1　感官要求

项目	要求	检验方法
色泽	呈乳白色或微黄色	取适量试样置于 50mL 烧杯中，在自然光下观察色泽和组织状态。闻其气味，用温开水漱口，品尝滋味
滋味、气味	具有驼乳固有的香味和甜味，无异味	
组织状态	呈均匀一致的液体，无凝块、无沉淀、无正常视力可见杂质或其他异物	

4.2　理化指标

应符合表 2 的规定。

表 2　理化指标

项目		指标	检验方法
相对密度/(20℃/4℃)	≥	1.027	GB 5413.33
蛋白质/(g/100g)	≥	3.5	GB 5009.5
脂肪/(g/100g)	≥	5.0	GB 5413.3
非脂乳固体/(g/100g)	≥	8.5	GB 5413.39
杂质度/(mg/kg)	≤	4.0	GB 5413.30
酸度/°T		16~24	GB 5413.34

4.3 污染物限量

应符合 GB 2762 的规定。

4.4 真菌毒素限量

应符合 GB 2761 的规定。

4.5 微生物限量

应符合表 3 的规定。

表 3 微生物限量

等级	指标	检验方法
菌落总数/［CFU/g（mL）］	$\leqslant 2\times10^6$	GB 4789.2

4.6 农药残留限量和兽药残留限量

4.6.1 农药残留限量应符合 GB 2763 及国家有关规定和公告。

4.6.2 兽药残留限量应符合国家有关规定和公告。

5 运输和贮存

生驼乳的运输和贮存应于密闭、洁净、经过消毒的保温奶槽车或符合食品安全要求的容器中，贮存温度为 2~6℃。

【行业标准】

中国乳制品工业行业标准
发酵驼乳
Fermented camel milk

标准号：RHB 902—2017
发布日期：2017-03-12　　实施日期：2017-03-12
发布单位：中国乳制品工业协会

前　言

驼乳是我国特种乳资源，其干物质含量高，营养物质丰富，为发挥和有效利用驼乳的资源优势，引导和规范驼乳产业的健康发展，特制定本标准。

本标准按照 GB/T 1.1—2009 的编写规则起草。

本标准由中国乳制品工业协会提出并归口。

本标准由新疆金驼投资股份有限公司负责起草。

本标准主要起草人：赵维良、张明、葛绍阳、海彦禄。

1　范围

本标准规定了发酵驼乳的术语和定义、技术要求、生产加工过程的卫生要求、标志、包装、运输和贮存。

本标准适用于全脂、部分脱脂和脱脂发酵驼乳。

2　规范性引用文件

下列文件对于本文件的应用是必不可少的，凡是注日期的引用文件，仅注日期的版本适用于本文件，凡是不注日期的引用文件，其最新版本（包括所有的修改单）适用于本文件。

GB/T 191　包装储运图示标志
GB 2760　食品安全国家标准　食品添加剂使用标准
GB 2761　食品安全国家标准　食品中真菌毒素限量
GB 2762　食品安全国家标准　食品中污染物限量
GB 4789.1　食品安全国家标准　食品微生物学检验　总则

GB 4789.3　食品安全国家标准　食品微生物学检验　大肠菌群计数
GB 4789.4　食品安全国家标准　食品微生物学检验　沙门氏菌检验
GB 4789.10　食品安全国家标准　食品微生物学检验　金黄色葡萄球菌检验
GB 4789.15　食品安全国家标准　食品微生物学检验　霉菌和酵母计数
GB 4789.18　食品安全国家标准　食品微生物学检验　乳与乳制品检验
GB 4789.35　食品安全国家标准　食品微生物学检验　乳酸菌检验
GB 5009.5　食品安全国家标准　食品中蛋白质的测定
GB 5413.3　食品安全国家标准　婴幼儿食品和乳品中脂肪的测定
GB 5413.34　食品安全国家标准　乳和乳制品中酸度的测定
GB 5413.39　食品安全国家标准　乳和乳制品中非脂乳固体的测定
GB 7718　食品安全国家标准　预包装食品标签通则
GB 12693　食品安全国家标准　乳制品企业良好的生产规范
GB 14880　食品安全国家标准　食品营养强化剂使用标准
GB 28050　食品安全国家标准　预包装食品营养标签通则
RHB-901　生驼乳
JJF 1070　定量包装商品净含量计量检验规则
国家质量监督检验检疫总局令〔2005〕第 75 号《定量包装商品计量监督管理办法》

3 术语和定义

3.1　发酵驼乳 fermented camel milk

以生驼乳或复原驼乳为原料，经杀菌、接种发酵剂发酵后制成的 pH 值降低的产品。

3.1.1　酸驼乳 camel yoghurt

以生驼乳或复原驼乳为原料，经杀菌、接种嗜热链球菌和保加利亚乳杆菌（德氏乳杆菌保加利亚亚种）发酵等工艺制成的产品。

3.2　风味发酵驼乳 flavored fermented camel milk

以不低于 80%生驼乳、复原驼乳为主要原料，全脂、部分脱脂或脱脂，添加其他原料，经杀菌、接种发酵剂发酵后 pH 值降低，发酵前或后添加或不添加食品添加剂、营养强化剂、果蔬、谷物等制成的产品。

3.2.1　风味酸驼乳 flavored camel yoghurt

以不低于 80%生驼乳、复原驼乳为主要原料，全脂、部分脱脂或脱脂，添加其他原料，经杀菌、接种嗜热链球菌和保加利亚乳杆菌（德氏乳杆菌保加利亚亚种)，发酵前或后添加或不添加食品添加剂、营养强化剂、果蔬、谷物等制成的产品。

4 技术要求

4.1 原料要求

4.1.1 生驼乳：应符合 RHB 900—2017 的规定。

4.1.2 复原驼乳：以驼乳粉为原料，经复原而得。

4.1.3 其他原料：应符合相应安全标准和/或有关规定。

4.1.4 发酵菌种：保加利亚乳杆菌（德氏乳杆菌保加利亚亚种)、嗜热链球菌或其他由国务院卫生行政部门批准使用的菌种。

4.2 感官要求

应符合表 1 的规定。

表 1 感官要求

项目	要求		检验方法
	发酵驼乳	风味发酵驼乳	
色泽	色泽均匀一致，呈乳白色或微黄色	具有与添加成分相符的色泽	取适量试样置于 50mL 烧杯中，在自然光下观察色泽和组织状态。闻其气味，用温开水漱口，品尝滋味
滋味、气味	具有发酵驼乳特有的滋味、气味	具有与添加成分相符的滋味和气味	
组织状态	组织细腻、均匀，允许有少量乳清析出；风味发酵驼乳具有添加成分特有的组织状态		

4.3 理化指标

应符合表 2 的规定。

表 2 理化指标

项目	指标						检验方法
	发酵驼乳			风味发酵驼乳			
	全脂	部分脱脂	脱脂	全脂	部分脱脂	脱脂	
脂肪/(g/100g)	≥5.0	0.6~4.0	≤0.5	≥4.0	0.5~3.3	≤0.4	GB 5413.3
蛋白质/(g/100g) ≥	3.5			2.8			GB 5009.5
非脂乳固体/(g/100g) ≥	8.5			-			GB 5413.39
酸度/°T ≥	70						GB 5413.34

4.4 污染物限量

应符合 GB 2762 的规定。

4.5 真菌毒素限量

应符合 GB 2761 的规定。

4.6 微生物限量

应符合表 3 的规定。

表 3 微生物限量

项目	采样方案[a]及限量（若非指定，均以 CFU/g 或 CFU/mL 表示）				检验方法
	n	c	m	M	
大肠菌群	5	2	1	5	GB 4789.3 平板计数法
金黄色葡萄球菌	5	0	0/25g（mL）	-	GB 4789.10 定性检验
沙门氏菌	5	0	0/25g（mL）	-	GB 4789.4
酵母 ≤	100				GB 4789.15
霉菌 ≤	30				
[a] 样品的分析及处理按 GB 4789.1 和 GB 4789.18 执行					

4.7 乳酸菌数

应符合表 4 的规定。

表 4 乳酸菌数

项目	限量/[CFU/g（mL）]	检验方法
乳酸菌数[a] ≥	1×10^6	GB 4789.35
[a] 发酵后经热处理的产品对乳酸菌数不作要求		

4.8 食品添加剂和营养强化剂

4.8.1 食品添加剂和营养强化剂的使用应符合 GB 2760、GB 14880 的规定。

4.8.2 食品添加剂和营养强化剂的质量应符合相应的安全标准和有关规定。

4.9 净含量及其检验

应符合《定量包装商品计量监督管理办法》的规定，净含量检验按 JJF 1070 的规定执行。

5 生产加工过程的卫生要求

应符合 GB 12693 的规定。

6　标志、包装、运输和贮存

6.1　标志

6.1.1　产品标签标示应符合 GB 7718 和 GB 28050 的规定，外包装标志应符合 GB/T 191 的规定。

6.1.2　产品名称应标为“发酵驼乳/奶”或“酸驼乳/奶”，“××风味发酵驼乳/奶”或“××风味酸驼乳/奶”。

6.1.3　全部用驼乳粉生产的产品应在产品名称紧邻部位标明“复原驼乳/奶”；在生驼乳中添加部分驼乳粉生产的产品应在产品名称紧邻部位标明或“含××%复原驼乳/奶”。

注：“含××%”是指所添加驼乳粉占产品中全乳固体的质量分数。

6.2　包装

产品应采用符合安全标准的包装材料包装。

6.3　运输和贮存

6.3.1　贮存场所及运输工具应清洁、卫生、干燥，防止日晒、雨淋，不得与有毒、有害、有异味或影响产品质量的物品同库存放或混装运输。

6.3.2　未杀菌（活菌）型产品需要冷藏，运输和贮存的温度为 2~6℃。

6.3.3　产品保质期由生产企业根据包装材质、工艺条件自行确定。

【行业标准】

中国乳制品工业行业标准
驼乳粉
Camel milk powder

标准号：RHB 903—2017
发布日期：2017-03-12　　实施日期：2017-03-12
发布单位：中国乳制品工业协会

前　言

驼乳是我国特种乳资源，其干物质含量高，营养物质丰富，为发挥和有效利用驼乳的资源优势，引导和规范驼乳产业的健康发展，特制定本标准。

本标准按照 GB/T 1.1—2009 的编写规则起草。

本标准由中国乳制品工业协会提出并归口。

本标准由新疆金驼投资股份有限公司负责起草。

本标准主要起草人：赵维良、张明、葛绍阳、海彦禄。

1　范围

本标准规定了驼乳粉的术语和定义、技术要求、生产加工过程的卫生要求、标志、包装、运输和贮存。

本标准适用于全脂、脱脂、部分脱脂驼乳粉和调制驼乳粉。

2　规范性引用文件

GB/T 191　包装储运图示标志
GB 2760　食品安全国家标准　食品添加剂使用标准
GB 2761　食品安全国家标准　食品中真菌毒素限量
GB 2762　食品安全国家标准　食品中污染物限量
GB 4789.1　食品安全国家标准　食品微生物学检验　总则
GB 4789.2　食品安全国家标准　食品微生物学检验　菌落总数测定
GB 4789.3　食品安全国家标准　食品微生物学检验　大肠菌群计数
GB 4789.4　食品安全国家标准　食品微生物学检验　沙门氏菌检验

GB 4789.10 食品安全国家标准 食品微生物学检验 金黄色葡萄球菌检验

GB 4789.18 食品安全国家标准 食品微生物学检验 乳与乳制品检验

GB 5009.3 食品安全国家标准 食品中水分的测定

GB 5009.5 食品安全国家标准 食品中蛋白质的测定

GB 5413.3 食品安全国家标准 婴幼儿食品和乳品中脂肪的测定

GB 5413.30 食品安全国家标准 乳和乳制品中杂质度的测定

GB 5413.34 食品安全国家标准 乳和乳制品中酸度的测定

GB 7718 食品安全国家标准 预包装食品标签通则

GB 12693 食品安全国家标准 乳制品企业良好的生产规范

GB 14880 食品安全国家标准 食品营养强化剂使用标准

GB 28050 食品安全国家标准 预包装食品营养标签通则

RHB 900 生驼乳

JJF 1070 定量包装商品净含量计量检验规则

国家质量监督检验检疫总局令〔2005〕第75号《定量包装商品计量监督管理办法》

3 术语和定义

3.1 驼乳粉 camel milk powder

以生驼乳为原料，全脂、脱脂或部分脱脂，经杀菌、浓缩、干燥等工艺制成的粉状产品。

3.2 调制驼乳粉 formulated camel milk powder

以生驼乳或其加工制品为主要原料，添加其他原料，添加或不添加食品添加剂和营养强化剂，经干法工艺或湿法工艺加工制成的驼乳固体含量不低于70%的粉状产品。

4 技术要求

4.1 原料要求

4.1.1 生驼乳：应符合 RHB 900 的规定。

4.1.2 其他原料：应符合相应的安全标准和/或有关规定。

4.2 感官要求

应符合表1的规定。

表 1　感官要求

项目	要求		检验方法
	驼乳粉	调制驼乳粉	
色泽	呈均匀一致的乳白色或微黄色	具有应有的色泽	取适量试样置于 50mL 烧杯中，在自然光下观察色泽和组织状态，闻其气味，用温开水漱口，品尝滋味
滋味、气味	具有纯正的驼乳香味	具有应有的滋味、气味	
组织状态	干燥、均匀的粉末，无结块		

4.3　理化要求

应符合表 2 规定。

表 2　理化指标

项目	指标				检验方法
	全脂驼乳粉	部分脱脂驼乳粉	脱脂驼乳粉	调制驼乳粉	
脂肪/%	≥31.0	6.0~28.0	≤5.0	—	GB 5413.3
蛋白质/%　≥	非脂乳固体[a] 的 36			16.5	GB 5009.5
复原乳酸度/°T　≤	18			—	GB 5413.34
杂质度/(mg/kg)　≤	16			—	GB 5413.30
水分/%　≤	5.0				GB 5009.3
[a]非脂乳固体（%）= 100（%）-脂肪（%）-水分（%）					

4.4　污染物限量

应符合 GB 2762 的规定。

4.5　真菌毒素限量

应符合 GB 2761 的规定。

4.6　微生物限量

应符合表 3 的规定。

表 3　微生物限量

项目	采样方案[a] 及限量（若非指定，均以 CFU/g 表示）				检验方法
	n	c	m	M	
菌落总数[b]	5	2	5.0×10^4	2.0×10^5	GB 4789.2
大肠菌群	5	1	10	100	GB 4789.3 平板计数法
金黄色葡萄球菌	5	2	10	100	GB 4789.10 定性检验

（续表）

项目	采样方案[a]及限量（若非指定，均以 CFU/g 表示）				检验方法
	n	c	m	M	
沙门氏菌	5	0	0/25g	-	GB 4789.4

[a] 样品的分析及处理按 GB 4789.1 和 GB 4789.18 执行
[b] 不适用于添加活性菌种（好氧或兼性厌氧益生菌）的产品

4.7　食品添加剂和营养强化剂

4.7.1　食品添加剂和营养强化剂的使用应符合 GB 2760 和 GB 14880 的规定。

4.7.2　食品添加剂和营养强化剂的质量应符合相应的安全标准和有关规定。

4.8　净含量及其检验

应符合《定量包装商品计量监督管理办法》的规定，净含量检验按 JJF 1070 的规定执行。

5　生产加工过程的卫生要求

应符合 GB 12693 的规定。

6　标志、包装、运输和贮存

6.1　标志

产品标签标示应符合 GB 7718 和 GB 28050 的规定，外包装标志应符合 GB/T 191 的规定。

6.2　包装

产品的包装容器与材料应符合相应的安全标准和有关规定。

6.3　运输和贮存

6.3.1　贮存场所及运输工具应清洁、卫生、干燥，防止日晒、雨淋，不应与有毒、有害、有异味或影响产品质量的物品同库存放或混装运输。

6.3.2　产品堆放时必须有垫板，与地面距离 10cm 以上，与墙壁距离 20cm 以上。

6.3.3　保质期

产品保质期由生产企业根据包装材质、工艺条件自行确定。

【地方标准】

新疆维吾尔自治区地方标准
食品安全地方标准　生驼乳

标准号：DBS 65/010—2023

发布日期：2023-06-20　　实施日期：2023-12-20

发布单位：新疆维吾尔自治区健康委员会

前　言

本标准代替 DBS 65/010—2017《食品安全地方标准　生驼乳》。

本标准与 DBS 65/010—2017 相比，主要变化如下：

——删去规范性引用文件；

——修改了污染物限量和真菌毒素限量；

本标准由新疆维吾尔自治区卫生健康委员会提出。

本标准起草单位：乌鲁木齐市奶业协会、新疆畜牧科学院畜牧业质量标准研究所、乌鲁木齐市动物疾病控制与诊断中心、新疆旺源驼奶实业有限公司、新疆骆甘霖乳业有限公司、新疆金驼投资股份有限公司。

参与修订单位（以拼音字母为顺序）：新疆天宏润生物科技有限公司、新疆驼盟集团有限责任公司、新疆驼源生物科技有限公司、新疆新驼乳业有限公司、新疆中驼生物科技有限公司、乌苏高泉天天乳业有限责任公司。

本标准主要起草人：徐敏、何晓瑞、王涛、郭金喜、朱晓玲、蔡扩军、吴星星、马佳妮、叶东东、李景芳、陆东林。

1　范围

本标准适用于生驼乳，不适用于即食生驼乳。

2　术语和定义

2.1　生驼乳

从正常饲养的、经检疫合格的无传染病和乳房炎的健康母驼乳房中挤出的无任何成分改变的常乳，产驼羔后 30 天内的乳、应用抗生素期间和休药期间的乳汁、变质乳不应用作生乳。

3　技术要求

3.1　感官要求

感官要求应符合表 1 的规定。

表 1　感官要求

<table>
<tr><th>项目</th><th>要求</th><th>检验方法</th></tr>
<tr><td>色泽</td><td>呈乳白色，不附带其他异常颜色</td><td rowspan="3">取适量试样置于 50mL 烧杯中，在自然光下观察色泽和组织状态。闻其气味，用温开水漱口，品尝滋味</td></tr>
<tr><td>滋味、气味</td><td>具有驼乳固有的香味、甜味，无异味</td></tr>
<tr><td>组织状态</td><td>呈均匀一致液体，无凝块、无沉淀、无正常视力可见异物</td></tr>
</table>

3.2　理化指标

理化指标应符合表 2 的规定。

表 2　理化指标

项目	指标	检验方法
相对密度/(20℃/4℃)　≥	1.030	GB 5009.2
蛋白质/(g/100g)　≥	3.5	GB 5009.5
脂肪/(g/100g)　≥	4.0	GB 5009.6
非脂乳固体/(g/100g)　≥	8.5	GB 5413.39
杂质度/(mg/kg)　≤	4.0	GB 5413.30
酸度/°T	16~24	GB 5009.239

3.3　污染物限量和真菌毒素限量

3.3.1　污染物限量应符合 GB 2762 的规定。

3.3.2　真菌毒素限量应符合 GB 2761 的规定。

3.4　微生物限量

微生物限量应符合表 3 的规定。

表 3　微生物限量

项目	限量	检验方法
菌落总数/(CFU/mL)　≤	2×10^6	GB 4789.2

3.5 农药残留限量和兽药残留限量

3.5.1 农药残留量应符合 GB 2763 及国家有关规定和公告。

3.5.2 兽药残留量限量应符合 GB 31650 及国家有关规定和公告。

4 其他

4.1 奶畜养殖者对挤奶设施、生鲜乳贮存设施应当及时清洗、消毒，避免对生鲜乳造成污染，生鲜驼乳的挤奶、冷却、贮存、交收过程的卫生要求应符合 GB 12693、《乳品质量安全监督管理条例》《新疆维吾尔自治区奶业条例》的规定。

【地方标准】

新疆维吾尔自治区地方标准
食品安全地方标准　巴氏杀菌驼乳

标准号：DBS 65/011—2023

发布日期：2023-06-20　　　　　　　　　　　　实施日期：2023-12-20

发布单位：新疆维吾尔自治区卫生健康委员会

前　言

本标准代替 DBS 65/011—2017《食品安全地方标准　巴氏杀菌驼乳》。

本标准与 DBS 65/011—2017 相比，主要变化如下：

——删去规范性引用文件；

——修改了污染物限量和真菌毒素限量；

——修改了微生物指标；

——删去生产过程中的卫生要求。

本标准由新疆维吾尔自治区卫生健康委员会提出。

本标准起草单位：乌鲁木齐市奶业协会、新疆畜牧科学院畜牧业质量标准研究所、乌鲁木齐市动物疾病控制与诊断中心。

参与修订单位（以拼音字母为顺序）：新疆天宏润生物科技有限公司、新疆驼盟集团有限责任公司、新疆驼源生物科技有限公司、新疆骆甘霖乳业有限公司、新疆金驼投资股份有限公司、新疆新驼乳业有限公司、新疆中驼生物科技有限公司、新疆旺源驼奶实业有限公司、乌苏高泉天天乳业有限责任公司。

本标准主要起草人：徐敏、何晓瑞、袁辉、蔡扩军、徐啸天、王涛、周继萍、李景芳、陆东林。

1　范围

本标准适用于全脂、脱脂和部分脱脂巴氏杀菌驼乳。

2　术语和定义

2.1　巴氏杀菌驼乳

仅以生驼乳为原料，经巴氏杀菌等工序制得的液体产品。

3 技术要求

3.1 原料要求

3.1.1 生驼乳应符合 DBS 65/010 的规定。

3.2 感官要求

感官要求应符合表 1 的规定。

表 1 感官要求

项目	要求	检验方法
色泽	呈乳白色	取适量试样置于 50mL 烧杯中，在自然光下观察色泽和组织状态。闻其气味，用温开水漱口，品尝滋味
滋味、气味	具有驼乳固有的香味，无异味	
组织状态	呈均匀一致液体，无凝块、无沉淀、无正常视力可见异物	

3.3 理化指标

理化指标应符合表 2 的规定。

表 2 理化指标

项目	指标	检验方法
脂肪[a]/(g/100g) ≥	4.0	GB 5009.6
蛋白质/(g/100g) ≥	3.5	GB 5009.5
非脂乳固体/(g/100g) ≥	8.5	GB 5413.39
酸度/°T	16~24	GB 5009.239
[a]仅适用于全脂巴氏杀菌驼乳		

3.4 污染物限量和真菌毒素限量

3.4.1 污染物限量应符合 GB 2762 的规定。

3.4.2 真菌毒素限量应符合 GB 2761 的规定。

3.5 微生物限量

3.5.1 致病菌限量应符合 GB 29921 的规定。

3.5.2 微生物限量还应符合表 3 的规定。

表 3　微生物限量

项目	采样方案[a]及限量				检验方法
	n	c	m	M	
菌落总数/(CFU/mL)	5	2	5.0×10^4	1.0×10^5	GB 4789.2
大肠菌群/(CFU/mL)	5	2	1	5	GB 4789.3
[a]样品的采样及处理按 GB 4789.1 和 GB 4789.18 执行					

4　其他

4.1　产品应标识“鲜驼奶”或“鲜驼乳”。

【地方标准】

新疆维吾尔自治区地方标准
食品安全地方标准　灭菌驼乳

标准号：DBS 65/012—2023

发布日期：2023-06-20　　　　实施日期：2023-12-20

发布单位：新疆维吾尔自治区卫生健康委员会

前　言

本标准代替 DBS 65/012—2017《食品安全地方标准　灭菌驼乳》。

本标准与 DBS 65/012—2017 相比，主要变化如下：

——删去规范性引用文件；

——修改了术语与定义；

——修改了污染物限量和真菌毒素限量；

——删去生产过程中的卫生要求；

——修改了其他。

本标准由新疆维吾尔自治区卫生健康委员会提出。

本标准起草单位：乌鲁木齐市奶业协会、新疆畜牧科学院畜牧业质量标准研究所、乌鲁木齐市动物疾病控制与诊断中心、新疆旺源驼奶实业有限公司、新疆骆甘霖乳业有限公司、新疆金驼投资股份有限公司。

参与修订单位（以拼音字母为顺序）：新疆天宏润生物科技有限公司、新疆驼盟集团有限责任公司、新疆驼源生物科技有限公司、新疆新驼乳业有限公司、新疆中驼生物科技有限公司、乌苏高泉天天乳业有限责任公司。

本标准主要起草人：徐敏、何晓瑞、郭金喜、王涛、蔡扩军、吴星星、张寅生、李景芳、陆东林。

1　范围

本标准适用于全脂、脱脂和部分脱脂灭菌驼乳。

2　术语和定义

2.1　超高温灭菌驼乳

仅以生驼乳为原料，在连续流动的状态下，加热到至少 132℃并保持很短时间的灭菌，再经无菌罐装等工序制得的液体产品。

2.2　保持灭菌驼乳

仅以生驼乳为原料，无论是否经过预热处理，在灌装并密封之后经灭菌等工序制得的液体产品。

3　技术要求

3.1　原料要求

生驼乳应符合 DBS 65/010 的规定。

3.2　感官要求

感官要求应符合表 1 的规定。

表 1　感官要求

项目	要求	检验方法
色泽	呈乳白色或微黄色	取适量试样置于 50mL 烧杯中，在自然光下观察色泽和组织状态。闻其气味，用温开水漱口，品尝滋味
气味	具有驼乳固有的香味，无异味	
组织状态	呈均匀一致液体，无凝块、无沉淀、无正常视力可见异物	

3.3　理化指标

理化指标应符合表 2 的规定。

表 2　理化指标

项目		指标	检验方法
脂肪[a]/(g/100g)	≥	4.0	GB 5009.6
蛋白质/(g/100g)	≥	3.5	GB 5009.5
非脂乳固体/(g/100g)	≥	8.5	GB 5413.39
酸度/°T		16~24	GB 5009.239
[a]仅适用于全脂灭菌驼乳			

3.4　污染物限量和真菌毒素限量

3.4.1　污染物限量应符合 GB 2762 的规定。

3.4.2　真菌毒素限量应符合 GB 2761 的规定。

3.5 微生物要求

应符合商业无菌的要求，按 GB 4789.26 规定的方法检验。

4 其他

4.1 产品应标识“纯驼奶”或“纯驼乳”。

【地方标准】

新疆维吾尔自治区地方标准
食品安全地方标准　发酵驼乳

标准号：DBS 65/013—2023

发布日期：2023-06-20　　　　　　　　　　　　实施日期：2023-12-20

发布单位：新疆维吾尔自治区卫生健康委员会

前　言

本标准代替 DBS 65/013—2017《食品安全地方标准　发酵驼乳》。

本标准与 DBS 65/013—2017 相比，主要变化如下：

——删去规范性引用文件；

——修改了术语和定义；

——修改了污染物限量和真菌毒素限量；

——修改了微生物限量；

——删去生产过程中的卫生要求。

本标准由新疆维吾尔自治区卫生健康委员会提出。

本标准起草单位：乌鲁木齐市奶业协会、新疆畜牧科学院畜牧业质量标准研究所、乌鲁木齐市动物疾病控制与诊断中心、新疆旺源驼奶实业有限公司、新疆骆甘霖乳业有限公司、新疆金驼投资股份有限公司。

参与修订单位（以拼音字母为顺序）：新疆天宏润生物科技有限公司、新疆驼盟集团有限责任公司、新疆驼源生物科技有限公司、新疆新驼乳业有限公司、新疆中驼生物科技有限公司、乌苏高泉天天乳业有限责任公司。

本标准主要起草人：徐敏、何晓瑞、李新玲、曹丽梦、谭东、王涛、马卫平、刘军、薛海燕、李景芳、陆东林。

1　范围

本标准适用于全脂、脱脂和部分脱脂发酵驼乳。

2　术语和定义

2.1　发酵驼乳

以生驼乳为原料，经杀菌、接种唾液链球菌嗜热亚种和德氏乳杆菌保加利亚亚种或其他由国务院卫生行政部门批准使用的菌种，发酵制成的产品。

2.2 风味发酵驼乳

以80%以上生驼乳为原料，添加其他原料（不包括驼乳制品及其他畜种的生乳及乳制品、动植物源性蛋白和脂肪），经杀菌、接种唾液链球菌嗜热亚种和德氏乳杆菌保加利亚亚种或其他由国务院卫生行政部门批准使用的菌种，发酵前或后添加或不添加食品添加剂、营养强化剂、果蔬、谷物等制成的产品。

3 技术要求

3.1 原料要求

3.1.1 生驼乳应符合DBS 65/010的规定。

3.1.2 其他原料应符合相应食品标准和有关规定。

3.1.3 发酵菌种：唾液链球菌嗜热亚种和德氏乳杆菌保加利亚亚种或其他由国务院卫生行政部门批准使用的菌种。

3.2 感官要求

感官要求应符合表1的规定。

表1 感官要求

项目	要求		检验方法
	发酵驼乳	风味发酵驼乳	
色泽	色泽均匀一致，呈乳白色或微黄色	具有与添加成分相符的色泽	取适量试样置于50mL烧杯中，在自然光下观察色泽和组织状态。闻其气味，用温开水漱口，品尝滋味
滋味、气味	具有发酵驼乳特有的滋味、气味	具有与添加成分相符的滋味和气味	
组织状态	组织细腻、均匀，允许有少量乳清析出；风味发酵驼乳具有添加成分特有的组织状态		

3.3 理化指标

理化指标应符合表2的规定。

表2 理化指标

项目	指标		检验方法
	发酵驼乳	风味发酵驼乳	
脂肪[a]/(g/100g) ≥	4.0	3.2	GB 5009.6
蛋白质/(g/100g) ≥	3.5	2.8	GB 5009.5

（续表）

项目	指标		检验方法
	发酵驼乳	风味发酵驼乳	
非脂乳固体/(g/100g)　≥	8.5	—	GB 5413.39
酸度/°T　≥	70.0		GB 5009.239
[a]仅适用于全脂产品			

3.4　污染物限量和真菌毒素限量

3.4.1　污染物限量应符合 GB 2762 的规定。

3.4.2　真菌毒素限量应符合 GB 2761 的规定。

3.5　微生物限量

3.5.1　致病菌限量应符合 GB 29921 的规定。

3.5.2　微生物限量还应符合表 3 的规定。

表 3　微生物限量

项目	采样方案[a]及限量				检验方法
	n	c	m	M	
大肠菌群/(CFU/g)	5	2	1	5	GB 4789.3
酵母/(CFU/g)　≤	100				GB 4789.15
霉菌/(CFU/g)　≤	30				
[a]样品的采样及处理按 GB 4789.1 和 GB 4789.18 执行					

3.6　乳酸菌数

乳酸菌数应符合表 4 的规定。

表 4　乳酸菌数

项目	限量	检验方法
乳酸菌数[a]/(CFU/g)　≥	1×10^6	GB 4789.35
[a]发酵后经热处理的产品对乳酸菌数不作要求		

3.7　食品添加剂和营养强化剂

3.7.1　食品添加剂的使用应符合 GB 2760 的规定。

3.7.2　食品营养强化剂的使用应符合 GB 14880 的规定。

4 其他

4.1 产品应标识“发酵驼乳”或“酸驼乳”“风味发酵驼乳”。

4.2 发酵后经热处理的产品应标识“××热处理发酵驼乳”“××热处理风味发酵驼乳”“××热处理酸驼乳/奶”或“××热处理风味酸驼乳/奶”。

【地方标准】

新疆维吾尔自治区地方标准
食品安全地方标准　驼乳粉

标准号：DBS 65/014—2023

发布日期：2023-06-20 发布　　　　　　　实施日期：2023-12-20 实施

发布单位：新疆维吾尔自治区卫生健康委员会发布

前　言

本标准代替 DBS 65/014—2017《食品安全地方标准　驼乳粉》。

本标准与 DBS 65/014—2017 相比，主要变化如下：

——删去规范性引用文件；

——修改了术语和定义，删去调制驼乳粉；

——修改了理化指标中蛋白质、脂肪、水分的单位；

——修改了污染物限量和真菌毒素限量；

——修改了微生物限量；

——删去生产过程中的卫生要求。

本标准由新疆维吾尔自治区卫生健康委员会提出。

本标准起草单位：乌鲁木齐市奶业协会、新疆畜牧科学院畜牧业质量标准研究所、乌鲁木齐市动物疾病控制与诊断中心、新疆旺源驼奶实业有限公司、新疆骆甘霖乳业有限公司、新疆金驼投资股份有限公司。

参与修订单位（以拼音字母为顺序）：阿勒泰哈纳斯乳业有限公司、呼图壁县天驼生物科技开发有限公司、新疆天宏润生物科技有限公司、新疆驼盟集团有限责任公司、新疆驼源生物科技有限公司、新疆新驼乳业有限公司、新疆中驼生物科技有限公司、伊犁那拉乳业集团有限公司、伊犁雪莲乳业有限公司、伊犁伊力特乳业有限责任公司、乌苏高泉天天乳业有限责任公司。

本标准主要起草人：徐敏、何晓瑞、蔡扩军、王涛、马卫平、周继萍、刘莉、叶东东、李景芳、陆东林。

1　范围

本标准适用于全脂、脱脂、部分脱脂驼乳粉。

2 术语和定义

2.1 驼乳粉

以单一品种的生驼乳为原料，经加工制成的粉状产品。

3 技术要求

3.1 原料要求

生驼乳应符合 DBS 65/010 的规定。

3.2 感官要求

感官要求应符合表 1 的规定。

表 1 感官要求

项目	要求	检验方法
色泽	呈均匀一致的乳白色或微黄色	取适量试样置于干燥、洁净的白色盘（瓷盘或同类容器）中，在自然光下观察色泽和组织状态，冲调后，嗅其气味，用温开水漱口，品尝滋味
滋味、气味	具有纯正的驼乳香味	
组织状态	干燥均匀的粉末	

3.3 理化指标

理化指标应符合表 2 的规定。

表 2 理化指标

项目		指标	检验方法
蛋白质/(g/100g)	≥	非脂乳固体[a]的 36%	GB 5009.5
脂肪[b]/(g/100g)	≥	28.0	GB 5009.6
复原乳酸度/°T	≤	24	GB 5009.239
杂质度/(mg/kg)	≤	16	GB 5413.30
水分/(g/100g)	≤	5.0	GB 5009.3

[a]非脂乳固体（%）= 100（%）−脂肪（%）−水分（%）
[b]仅适用于全脂驼乳粉

3.4 污染物限量和真菌毒素限量

3.4.1 污染物限量应符合 GB 2762 的规定。

3.4.2 真菌毒素限量应符合 GB 2761 的规定。

3.5　微生物限量

3.5.1　致病菌限量应符合 GB 29921 的规定。

3.5.2　微生物限量还应符合表 3 的规定。

表 3　微生物限量

项目	采样方案[a]及限量				检验方法
	n	c	m	M	
菌落总数/(CFU/g)	5	2	5.0×10^4	2.0×10^5	GB 4789.2
大肠菌群/(CFU/g)	5	1	10	100	GB 4789.3
[a]样品的采样及处理按 GB 4789.1 和 GB 4789.18 执行					

4　其他

4.1　产品应标识为“驼乳粉”或“驼奶粉”。

【地方标准】

新疆维吾尔自治区地方标准
食品安全地方标准　调制驼乳粉

标准号：DBS 65/023—2023

发布日期：2023-06-20　　　　实施日期：2023-12-20

发布单位：新疆维吾尔自治区卫生健康委员会

前　言

本标准由新疆维吾尔自治区卫生健康委员会提出。

本标准起草单位：乌鲁木齐市奶业协会、新疆畜牧科学院畜牧业质量标准研究所、乌鲁木齐市动物疾病控制与诊断中心、新疆骆甘霖乳业有限公司、新疆金驼投资股份有限公司。

参与修订企业（以拼音字母为顺序）：阿勒泰哈纳斯乳业有限公司、新疆天宏润生物科技有限公司、新疆驼盟集团有限责任公司、新疆驼源生物科技有限公司、新疆新驼乳业有限公司、新疆中驼生物科技有限公司、伊犁那拉乳业集团有限公司、伊犁雪莲乳业有限公司、伊犁伊力特乳业有限责任公司、乌苏高泉天天乳业有限责任公司。

本标准主要起草人：徐敏、何晓瑞、蔡扩军、远辉、周继萍、任皓、薛海燕、叶东东、李景芳、陆东林。

1　范围

本标准适用于调制驼乳粉。

2　术语和定义

2.1　调制驼乳粉

以生驼乳和（或）全乳（或脱脂及部分脱脂）加工制品为主要原料，添加其他原料（不包括其他畜种的生乳及乳制品、动植物源性蛋白和脂肪）、食品添加剂、营养强化剂中的一种或多种，经加工制成的粉状产品，其中驼乳固体含量不低于70%。

3　技术要求

3.1　原料要求

3.1.1　生驼乳应符合 DBS 65/010 的规定，驼乳粉应符合 DBS 65/014 的规定。

3.1.2　其他原料应符合相应的食品标准和有关规定。

3.2　感官要求

感官要求应符合表 1 的规定。

表 1　感官要求

项目	要求	检验方法
色泽	具有应有的色泽	取适量试样置于干燥、洁净的白色盘（瓷盘或同类容器）中，在自然光下观察色泽和组织状态，冲调后，嗅其气味，用温开水漱口，品尝滋味
滋味、气味	具有应有的滋味、气味	
组织状态	干燥均匀的粉末	

3.3　理化指标

理化指标应符合表 2 的规定。

表 2　理化指标

项目	指标	检验方法
蛋白质/(g/100g)　　≥	16.8	GB 5009.5
水分/(g/100g)　　≤	5.0	GB 5009.3

3.4　污染物限量和真菌毒素限量

3.4.1　污染物限量应符合 GB 2762 的规定。

3.4.2　真菌毒素限量应符合 GB 2761 的规定。

3.5　微生物限量

3.5.1　致病菌限量应符合 GB 29921 的规定。

3.5.2　微生物限量还应符合表 3 的规定。

表 3　微生物限量

项目	采样方案[a]及限量				检验方法
	n	c	m	M	
菌落总数[b]/(CFU/g)	5	2	5.0×10^4	2.0×10^5	GB 4789.2

（续表）

项目	采样方案[a]及限量				检验方法
	n	c	m	M	
大肠菌群/(CFU/g)	5	1	10	100	GB 4789.3
[a]样品的采样及处理按 GB 4789.1 和 GB 4789.18 执行 [b]不适用于添加活性菌种（好氧和兼性厌氧）的产品（如添加活菌，产品中活菌数应≥1×10^6CFU/g）					

3.6 食品添加剂和营养强化剂

3.6.1 食品添加剂的使用应符合 GB 2760 的规定。

3.6.2 食品营养强化剂的使用应符合 GB 14880 的规定。

4 其他

4.1 产品应标识“调制驼乳粉”或“调制驼奶粉”。

【团体标准】

生驼乳
Raw camel milk

标准号：T/CAAA 007—2019
发布日期：2019-01-07　　实施日期：2019-01-07
发布单位：中国畜牧业协会

前　言

本标准按照 GB/T 1.1—2009 给出的规则起草。

本标准由中国畜牧业协会提出并归口。

本标准起草单位：内蒙古骆驼研究院、内蒙古农业大学、新疆旺源生物科技集团有限公司、内蒙古苏尼特驼业生物科技有限公司。

本标准主要起草人：郭富城、斯仁达来、明亮、伊丽、何静、海勒、陈钢粮、冉启伟、吉日木图。

1　范围

本标准规定了生驼乳的技术要求。

本标准适用于生驼乳。

下列文件对于本文件的应用是必不可少的。凡是注日期的引用文件，仅注日期的版本适用于本文件。凡是不注日期的引用文件，其最新版本（包括所有的修改单）适用于本文件。

2　规范性引用文件

GB 2761　食品中真菌毒素限量
GB 2762　食品中污染物限量
GB 2763　食品中农药最大残留限量
GB 4789.2　食品微生物学检验
GB 5009.2　食品相对密度的测定
GB 5009.239　食品酸度的测定
GB 5009.5　食品中蛋白质的测定

GB 5009.6　食品中脂肪的测定
GB 5413.30　乳和乳制品杂质度的测定
GB 5413.39　乳和乳制品中非脂乳固体的测定

3 术语和定义

下列术语和定义适用于本文件。

3.1 生驼乳 raw camel milk

从符合国家有关要求的健康骆驼乳房中挤出的无任何成分改变的常乳。

4 技术要求

4.1 感官要求

应符合表1的要求。

表1　感官要求

项目	要求	检验方法
色泽	呈乳白色	取适量试样置于50mL烧杯中，在自然光下观察色泽和组织状态。闻其气味，用温开水漱口，品尝滋味
滋味、气味	具有乳固有的香味，无异味	
组织状态	呈均匀一致液体，无凝块、无沉淀、无正常视力可见异物	

4.2 理化指标

应符合表2的要求。

表2　理化指标

项目		指标	检验方法
相对密度/(20℃/4℃)	≥	1.028	GB 5009.2
蛋白质/(g/100g) 双峰驼乳 单峰驼乳	≥	 3.5 3.4	GB 5009.5
脂肪/(g/100g)	≥	4.0	GB 5009.6
杂质度/(mg/kg)	≤	4.0	GB 5413.30
非脂乳固体/(g/100g)	≥	8.5	GB 5413.39
酸度/°T		16~24	GB 5009.239

4.3 污染物限量

应符合GB 2762的要求。

4.4　真菌毒素限量

应符合 GB 2761 的要求。

4.5　微生物限量

应符合表 3 的要求。

表 3　微生物限量

项目	限量/[CFU/g（mL）]	检验方法
菌落总数　≤	2×10^6	GB 4789.2

4.6　农药残留限量和兽药残留限量

4.6.1　农药残留量应符合 GB 2763 及国家有关规定和公告。

4.6.2　兽药残留量应符合国家有关规定和公告。

【团体标准】

灭菌驼乳
Sterilized camel milk

标准号：T/CAAA 008—2019
发布日期：2019-01-07　　实施日期：2019-01-07
发布单位：中国畜牧业协会

前　言

本标准按照 GB/T 1.1—2009 给出的规则起草。
本标准由中国畜牧业协会提出并归口。
本标准起草单位：内蒙古骆驼研究院、内蒙古农业大学、新疆旺源生物科技集团有限公司、内蒙古苏尼特驼业生物科技有限公司。
本标准主要起草人：郭富城、斯仁达来、明亮、伊丽、何静、海勒、陈钢粮、冉启伟、吉日木图。

1　范围

本标准适用于全脂、脱脂和部分脱脂灭菌驼乳。
本标准规定了灭菌驼乳的技术要求与其他。

2　规范性引用文件

下列文件对于本文件的应用是必不可少的。凡是注日期的引用文件，仅注日期的版本适用于本文件。凡是不注日期的引用文件，其最新版本（包括所有的修改单）适用于本文件。

GB 2761　食品中真菌毒素限量
GB 2763　食品中污染物限量
GB 4789.2　食品中农药最大残留限量
GB 4789.26　食品微生物学检验
GB 5009.239　食品酸度的测定
GB 5009.5　食品中蛋白质的测定
GB 5009.6　食品中脂肪的测定

GB 5413.39　乳和乳制品中非脂乳固体的测定

3　术语和定义

下列术语和定义适用于本文件。

3.1　超高温灭菌驼乳 ultra high-temperature camel milk

以生驼乳为原料，添加或不添加复原驼乳，在连续流动的状态下，加热到至少 132℃并保持 4～10s 灭菌，再经无菌灌装等工序制成的液体产品。

3.2　保持灭菌驼乳 retort sterilized camel milk

以生驼乳为原料，添加或不添加复原乳，无论是否经过预热处理，在灌装并密封之后经灭菌等工序制成的液体产品。

4　技术要求

4.1　原料要求

4.1.1　生驼乳

应符合 T/CAAA 007—2019 的要求。

4.1.2　驼乳粉

应符合 T/CAAA 011—2019 的要求。

4.2　感官要求

应符合表 1 的要求。

表 1　感官要求

项目	要求	检验方法
色泽	呈乳白色	取适量试样置于 50mL 烧杯中，在自然光下观察色泽和组织状态。闻其气味，用温开水漱口，品尝滋味
滋味、气味	具有乳固有的香味，无异味	
组织状态	呈均匀一致液体，无凝块、无沉淀、无正常视力可见异物	

4.3　理化指标

应符合表 2 的要求。

表 2　理化指标

项目		指标	检验方法
脂肪[a]/(g/100g)	≥	4.0	GB 5009.6

（续表）

项目	指标	检验方法
蛋白质/(g/100g) ≥ 双峰驼乳 单峰驼乳	 3.5 3.4	GB 5009.5
非脂乳固体/(g/100g) ≥	8.5	GB 5413.39
酸度/°T	16~24	GB 5009.239
[a]仅适用于全脂灭菌驼乳		

4.4 污染物限量

应符合 GB 2762 的要求。

4.5 真菌毒素限量

应符合 GB 2761 的要求。

4.6 微生物要求

应符合商业无菌的要求，按 GB 4789.26 规定的方法检验。

5 其他

5.1 仅以生驼乳为原料的超高温灭菌乳应在产品包装主要展示面上紧邻产品名称的位置，使用不小于产品名称字号且字体高度不小于主要展示面高度五分之一的汉字标注“纯驼（双峰驼/单峰驼）奶”或“纯驼（双峰驼/单峰驼）乳”。

5.2 全部用驼乳粉生产的灭菌驼乳应在产品名称紧邻部位标明“复原驼乳”或“复原驼奶”；在生驼乳中添加部分驼乳粉生产的灭菌驼乳应在产品名称紧邻部位标明“含××%复原驼（双峰驼/单峰驼）乳”或“含××%复原驼（双峰驼/单峰驼）奶”。

注：“××%”是指所添加驼乳粉占灭菌乳中全乳固体的质量分数。

5.3 “复原驼乳”或“复原驼奶”与产品名称应标识在包装容器的同一主要展示版面；标识的“复原驼乳”或“复原驼奶”字样应醒目，其字号不小于产品名称的字号，字体高度不小于主要展示版面高度的五分之一。

【团体标准】

巴氏杀菌驼乳
Pasteuried camel milk

标准号：T/CAA 009—2019

发布日期：2019-01-07　　　　实施日期：2019-01-07

发布单位：中国畜牧业协会

前　言

本标准按照 GB/T 1. 1—2009 给出的规则起草。

本标准由中国畜牧业协会提出并归口。

本标准起草单位：内蒙古骆驼研究院、内蒙古农业大学、新疆旺源生物科技集团有限公司、内蒙古苏尼特驼业生物科技有限公司。

本标准主要起草人：郭富城、斯仁达来、明亮、伊丽、何静、海勒、陈钢粮、冉启伟、吉日木图。

1　范围

本标准规定了巴氏杀菌驼乳的技术要求及其他。

标准适用于全脂、脱脂和部分脱脂巴氏杀菌驼乳。

2　规范性引用文件

下列文件对于本文件的应用是必不可少的。凡是注日期的引用文件，仅注日期的版本适用于本文件。凡是不注日期的引用文件，其最新版本（包括所有的修改单）适用于本文件

GB 2761　　食品中真菌毒素限量

GB 2762　　食品中污染物限量

GB 2763　　食品中农药最大残留限量

GB 4789. 1　　食品微生物学检验　总则

GB 4789. 2　　食品微生物学检验　菌落总数测定

GB 4789. 3　　食品微生物学检验　大肠菌群计数

GB 4789. 4　　食品微生物学检验　沙门氏菌检验

GB 4789.10　食品微生物学检验　金黄色葡萄球菌检验
GB 4789.18　食品微生物学检验　乳与乳制品检验
GB 5009.239　食品酸度的测定
GB 5009.5　食品中蛋白质的测定
GB 5009.6　食品中脂肪的测定
GB 5413.39　乳和乳制品中非脂乳固体的测定

3　术语和定义

下列术语和定义适用于本文件

3.1　巴氏杀菌驼乳 pasteurized camel milk

仅以生驼乳为原料，经巴氏杀菌等工序制得的液体产品。

4　技术要求

4.1　原料要求

应符合 T/CAAA 007—2019 的要求。

4.2　感官要求

应符合表 1 的要求。

表 1　感官要求

项目	要求	检验方法
色泽	呈乳白色	取适量试样置于 50mL 烧杯中，在自然光下观察色泽和组织状态。闻其气味，用温开水漱口，品尝滋味
滋味、气味	具有乳固有的香味，无异味	
组织状态	呈均匀一致液体，无凝块、无沉淀、无正常视力可见异物	

4.3　理化指标

应符合表 2 的要求。

表 2　理化指标

项目	指标	检验方法
脂肪[a]/(g/100g)　≥	4.0	GB 5009.6
蛋白质/(g/100g)　≥ 双峰驼乳 单峰驼乳	 3.5 3.4	GB 5009.5
非脂乳固体/(g/100g)　≥	8.5	GB 5413.39

（续表）

项目	指标	检验方法
酸度/°T	16~24	GB 5009. 239
[a]仅适用于全脂灭菌驼乳		

4.4　污染物限量

应符合 GB 2762 的要求。

4.5　真菌毒素限量

应符合 GB 2761 的要求。

4.6　微生物限量

应符合表 3 的要求。

表 3　微生物限量

项目	采样方案[a]及限量/(CFU/g)				检验方法
	n	c	m	M	
菌落总数	5	2	5.0×10^4	1.0×10^5	GB 4789. 2
大肠菌群	5	2	1	5	GB 4789. 3 平板计数法
金黄色葡萄球菌	5	0	0/25g（mL）	—	GB 4789. 10 定性检验
沙门氏菌	5	0	0/25g（mL）	—	GB 4789. 4
[a] 样品的分析及处理按 GB 4789. 1 和 GB 4789. 18 执行					

5　其他

应在产品包装主要展示面上紧邻产品名称的位置，使用不小于产品名称字号且字体高度不小于主要展示面高度五分之一的汉字标注“鲜驼（双峰驼、单峰驼）奶”或“鲜驼（双峰驼、单峰驼）乳”。

【团体标准】

发酵驼乳
Fermented camel milk

标准号：T/CAAA 010—2019
发布日期：2019-01-07　　　　实施日期：2019-01-07
发布单位：中国畜牧业协会

前　言

本标准按照 GB/T 1.1—2009 给出的规则起草。

本标准由中国畜牧业协会提出并归口。

本标准起草单位：内蒙古骆驼研究院、内蒙古农业大学、新疆旺源生物科技集团有限公司、内蒙古苏尼特驼业生物科技有限公司。

本标准主要起草人：郭富城、斯仁达来、明亮、伊丽、何静、海勒、陈钢粮、冉启伟、吉日木图。

1　范围

本标准规定了发酵驼乳的技术要求及其他。

本标准适用于全脂、脱脂和部分脱脂发酵驼乳。

2　规范性引用文件

下列文件对于本文件的应用是必不可少的。凡是注日期的引用文件，仅注日期的版本适用于本文件。凡是不注日期的引用文件，其最新版本（包括所有的修改单）适用于本文件。

GB 2760　食品添加剂使用卫生标准
GB 2761　食品中真菌毒素限量
GB 2762　食品中污染物限量
GB 2763　食品中农药最大残留限量
GB 4789.1　食品微生物学检验　总则
GB 4789.2　食品微生物学检验　菌落总数测定
GB 4789.3　食品微生物学检验　大肠菌群计数

GB 4789.4　　食品微生物学检验　沙门氏菌检验
GB 4789.10　 食品微生物学检验　金黄色葡萄球菌检验
GB 4789.15　 食品微生物学检验　霉菌和酵母计数
GB 4789.18　 食品酸度的测定　乳与乳制品检验
GB 4789.35　 食品中蛋白质的测定　乳酸菌检验
GB 5009.239　食品中脂肪的测定
GB 5009.5　　乳和乳制品中非脂乳固体的测定
GB 5009.6　　食品营养强化剂使用标准

3　术语和定义

下列术语和定义适用于本文件。

3.1　发酵驼乳 fermented camel milk

以生驼乳为原料，经杀菌、发酵后制成的 pH 值降低的产品。

3.1.1　酸驼乳 camel yoghourt

以生驼乳或驼乳粉为原料，经杀菌、接种嗜热链球菌和保加利亚乳杆菌（德氏乳杆菌保加利亚亚种）发酵制成的产品。

3.2　风味发酵驼乳 flavored fermented camel milk

以 80%以上生驼乳或驼乳粉为原料，添加其他原料，经杀菌、发酵后 pH 值降低，发酵前或后添加或不添加食品添加剂、营养强化剂、果蔬、谷物等制成的产品。

3.2.1　风味酸驼乳 flavored camel yoghurt

以 80%以上生驼乳或驼乳粉为原料，添加其他原料，经杀菌、接种嗜热链球菌和保加利亚乳杆菌（德氏乳杆菌保加利亚亚种）发酵前或后添加或不添加食品添加剂、营养强化剂、果蔬、谷物等制成的产品。

4　技术要求

4.1　原料要求

4.1.1　生驼乳

应符合 T/CAAA 007—2019 的要求。

4.1.2　其他原料

应符合相应安全标准和/或有关规定。

4.1.3　发酵菌种

保加利亚乳杆菌（德氏乳杆菌保加利亚亚种）、嗜热链球菌或其他由国务院卫生行政部门批准使用的菌种。

4.2 感官要求

应符合表 1 的要求。

表 1 感官要求

项目	要求		检验方法
	发酵驼乳	风味发酵驼乳	
色泽	色泽均匀一致，呈乳白色	具有与添加成分相符的色泽	取适量试样置于 50mL 烧杯中，在自然光下观察色泽和组织状态。闻其气味，用温开水漱口，品尝滋味
滋味、气味	具有发酵乳特有的滋味、气味	具有与添加成分相符的滋味和气味	
组织状态	组织细腻、均匀，允许有少量乳清析出；风味发酵驼乳具有添加成分特有的组织状态		

4.3 理化指标

应符合表 2 的要求。

表 2 理化指标

项目		指标		检验方法
		发酵驼乳	风味发酵驼乳	
脂肪[a]/(g/100g)	≥	4.0	3.2	GB 5009.6
蛋白质/(g/100g) 双峰驼发酵乳 单峰驼发酵乳	≥ ≥ ≥	 3.6 3.5	 2.88 2.8	GB 5009.5
非脂乳固体/(g/100g)	≥	8.5	-	GB 5413.39
酸度/°T	≥	70.0	-	GB 5009.239
[a]仅适用于全脂产品				

4.4 污染物限量

应符合 GB 2762 的要求。

4.5 真菌毒素限量

应符合 GB 2761 的要求。

4.6 微生物限量

应符合表 3 的要求。

表 3　微生物限量

项目	采样方案[a]及限量（CFU/g 或 CFU/mL）				检验方法
	n	c	m	M	
大肠菌群	5	2	1	5	GB 4789.3 平板计数法
金黄色葡萄球菌	5	0	0/25g（mL）	-	GB 4789.10 定性检验
沙门氏菌	5	0	0/25g（mL）	-	GB 4789.4
酵母　≤	100				GB 4789.15
霉菌　≤	30				
[a]样品的分析及处理按 GB 4789.1 和 GB 4789.18 执行					

4.7　乳酸菌数

应符合表 4 的要求。

表 4　乳酸菌数

项目	限量/[CFU/g（mL）]	检验方法
乳酸菌数[a]　≥	1×10^6	GB 4789.35
[a]发酵后经热处理的产品对乳酸菌数不作要求		

4.8　食品营养强化剂

4.8.1　食品添加剂和营养强化剂质量应符合相应的安全标准和有关规定。

4.8.2　食品添加剂和营养强化剂使用应符合 GB 2760 和 GB 14880 的要求。

5　其他

5.1　发酵后经热处理的产品应标识“××热处理发酵驼乳”“××热处理风味发酵驼乳”“××热处理酸驼乳/奶”或“××热处理风味酸驼乳/奶”。

5.2　全部用驼乳粉生产的产品应在产品名称紧邻部位标明“复原驼乳”或“复原驼奶”；在生驼乳中添加部分驼乳粉生产的产品应在产品名称紧邻部位标明“含××%复原驼乳”或“含××%复原驼奶”。

注：“××%”是指所添加驼乳粉占产品中全乳固体的质量分数。

5.3　“复原驼乳”或“复原驼奶”与产品名称应标识在包装容器的同一主要展示版面；标识的“复原驼乳”或“复原驼奶”字样应醒目，其字号不小于产品名称的字号，字体高度不小于主要展示版面高度的五分之一。

【团体标准】

驼乳粉
Camel milk powder

标准号：T/CAAA 011—2019
发布日期：2019-01-07　　　　实施日期：2019-01-07
发布单位：中国畜牧业协会

前　言

本标准按照 GB/T 1.1—2009 给出的规则起草。

本标准由中国畜牧业协会提出并归口。

本标准起草单位：内蒙古骆驼研究院、内蒙古农业大学、新疆旺源生物科技集团有限公司、内蒙古苏尼特驼业生物科技有限公司。

本标准主要起草人：郭富城、斯仁达来、明亮、伊丽、何静、海勒、陈钢粮、冉启伟、吉日木图。

1　范围

本标准规定了驼乳粉的技术要求。

本标准适用于全脂、脱脂、部分脱脂驼乳粉和调制驼乳粉。

2　规范性引用文件

下列文件对于本文件的应用是必不可少的。凡是注日期的引用文件，仅注日期的版本适用于本文件。凡是不注日期的引用文件，其最新版本（包括所有的修改单）适用于本文件。

GB 2760　食品添加剂使用标准
GB 2761　食品中真菌毒素限量
GB 2762　食品中污染物限量
GB 4789.1　食品微生物学检验　总则
GB 4789.2　食品微生物学检验　菌落总数测定
GB 4789.3　食品微生物学检验　大肠菌群计数
GB 4789.4　食品微生物学检验　沙门氏菌检验

GB 4789.10　食品微生物学检验　金黄色葡萄球菌检验
GB 4789.18　食品微生物学检验　乳与乳制品检验
GB 5009.3　食品中水分的测定
GB 5009.5　食品中蛋白质的测定
GB 5009.6　食品中脂肪的测定
GB 5009.239　食品酸度的测定
GB 5413.30　乳和乳制品杂质度的测定
GB 5413.39　乳和乳制品中非脂乳固体的测定
GB 14880　食品营养强化剂使用标准

3　术语和定义

下列术语和定义适用于本文件。

3.1　驼乳粉 camel milk powder

以生驼乳为原料，经加工制成的粉状产品。

3.2　调制驼乳粉 formulated camel milk powder

以生驼乳或其加工制品为主要原料，添加其他原料，添加或不添加食品添加剂和营养强化剂，经加工制成的乳固体含量不低于70%的粉状产品。

4　技术要求

4.1　原料要求

4.1.1　生驼乳

应符合T/CAAA 007—2019的要求。

4.1.2　其他原料

应符合相应的安全标准和/或有关规定。

4.2　感官要求

应符合表1的要求。

表1　感官要求

项目	要求		检验方法
	驼乳粉	调制驼乳粉	
色泽	呈均匀一致的乳白色	具有应有的色泽	取适量试样置于50mL烧杯中，在自然光下观察色泽和组织状态。闻其气味，用温开水漱口，品尝滋味
滋味、气味	具有纯正的驼乳香味	具有应有的滋味、气味	
组织状态	干燥均匀的粉末		

4.3 理化指标

应符合表 2 的要求。

表 2 理化指标

项目	指标				检验方法
	全脂驼乳粉	部分脱脂驼乳粉	脱脂驼乳粉	调制驼乳粉	
脂肪[b]/% 双峰驼 单峰驼	≥28 ≥26	6~25	≤5	—	GB 5009.6
蛋白质/% 双峰驼乳粉 ≥ 单峰驼乳粉 ≥	非脂乳固体[a] 的 36% 非脂乳固体[a] 的 34%		16.5		GB 5009.5
复原乳酸度/°T ≤	24		—		GB 5009.239
杂质度/(mg/kg) ≤	16		—		GB 5413.30
水分/% ≤	5.0				GB 5009.3

[a]非脂乳固体（%）= 100（%）−脂肪（%）−水分（%）
[b]仅适用于全脂驼乳粉

4.4 污染物限量

应符合 GB 2762 的要求。

4.5 真菌毒素限量

应符合 GB 2761 的要求。

4.6 微生物限量

应符合表 3 的要求。

表 3 微生物限量

项目	采样方案[a] 及限量/(CFU/g)				检验方法
	n	c	m	M	
菌落总数[b]	5	2	5.0×10^4	2.0×10^5	GB 4789.2
大肠菌群	5	1	10	100	GB 4789.3 平板计数法
金黄色葡萄球菌	5	2	10	100	GB 4789.10 平板计数法
沙门氏菌	5	0	0/25g	—	GB 4789.4

[a] 样品的分析及处理按 GB 4789.1 和 GB 4789.18 执行
[b]不适用于添加活性菌种（好氧和兼性厌氧益生菌）的产品

4.7　食品添加剂和营养强化剂

4.7.1　食品添加剂和营养强化剂质量应符合相应的安全标准和有关规定。

4.7.2　食品添加剂和营养强化剂使用应符合 GB 2760 和 GB 14880 的要求。

【团体标准】

发酵驼乳粉
Fermented camel milk powder

标准号：T/CAAA 012—2019
发布日期：2019-01-07　　　　　　　　　　实施日期：2019-01-07
发布单位：中国畜牧业协会

前　言

本标准按照 GB/T 1.1—2009 给出的规则起草。

本标准由中国畜牧业协会提出并归口。

本标准起草单位：内蒙古骆驼研究院、内蒙古农业大学、新疆旺源生物科技集团有限公司、内蒙古苏尼特驼业生物科技有限公司。

本标准主要起草人：斯仁达来、郭富城、明亮、伊丽、何静、海勒、陈钢粮、冉启伟、吉日木图。

1　范围

本标准规定了发酵驼乳粉的技术要求。

本标准适用于仅以发酵驼乳为原料，经加工制成的粉状产品。

2　规范性引用文件

下列文件对于本文件的应用是必不可少的。凡是注日期的引用文件，仅注日期的版本适用于本文件。凡是不注日期的引用文件，其最新版本（包括所有的修改单）适用于本文件。

GB 2760　食品添加剂使用标准
GB 2761　食品中真菌毒素限量
GB 2762　食品中污染物限量
GB 4789.1　食品微生物学检验　总则
GB 4789.2　食品微生物学检验　菌落总数测定
GB 4789.3　食品微生物学检验　大肠菌群计数
GB 4789.4　食品微生物学检验　沙门氏菌检验

GB 4789.10 食品微生物学检验 金黄色葡萄球菌检验
GB 4789.18 食品微生物学检验 乳与乳制品检验
GB 4789.35 食品微生物学检验 乳酸菌检验
GB 5009.3 食品中水分的测定
GB 5009.5 食品中蛋白质的测定
GB 5009.6 食品中脂肪的测定
GB 5009.239 食品酸度的测定
GB 5413.30 乳和乳制品杂质度的测定
GB 5413.39 乳和乳制品中非脂乳固体的测定
GB 14880 食品营养强化剂使用标准

3 术语与定义

下列术语和定义适用于本文件。

3.1 发酵驼乳粉 fermented camel milk powder

仅以发酵驼乳为原料，经加工制成的粉状产品。

4 技术要求

4.1 原料要求

4.1.1 发酵驼乳

应符合 T/CAAA 010—2019 的要求。

4.2 感官要求

应符合表 1 的要求。

表 1 感官要求

项目	要求	检验方法
色泽	具有应有的色泽	取适量试样置于 50mL 烧杯中，在自然光下观察色泽和组织状态。闻其气味，用温开水漱口，品尝滋味
滋味、气味	具有应有的滋味、气味	
组织状态	干燥均匀的粉末	

4.3 理化指标

应符合表 2 的要求。

表 2 理化指标

项目		指标	检验方法
脂肪/% 双峰驼 单峰驼	 ≥ ≥	 28 26	GB 5009.6
蛋白质/% 双峰驼乳粉 单峰驼乳粉	 ≥ ≥	 非脂乳固体[a] 的 36% 非脂乳固体[a] 的 34%	GB 5009.5
复原乳酸度/°T	≤	24	GB 5009.239
杂质度/(mg/kg)	≤	16	GB 5413.30
水分/%	≤	5.0	GB 5009.3
[a]非脂乳固体（%）= 100（%）-脂肪（%）-水分（%）			

4.4 污染物限量

应符合 GB 2762 的要求。

4.5 真菌毒素限量

应符合 GB 2761 的要求。

4.6 微生物限量

应符合表 3 的要求。

表 3 微生物限量

项目	采样方案[a] 及限量/(CFU/g)				检验方法
	n	c	m	M	
菌落总数[b]	5	2	5.0×10^4	2.0×10^5	GB 4789.2
大肠菌群	5	1	10	100	GB 4789.3 平板计数法
金黄色葡萄球菌	5	2	10	100	GB 4789.10 平板计数法
沙门氏菌	5	0	0/25g	—	GB 4789.4
[a] 样品的分析及处理按 GB 4789.1 和 GB 4789.18 执行 [b]不适用于添加活性菌种（好氧和兼性厌氧益生菌）的产品					

4.7 乳酸菌数

应符合表 4 的要求。

表 4　乳酸菌数

项目		限量/[CFU/g（mL）]	检验方法
乳酸菌数[a]	≥	1×10^6	GB 4789.35
[a] 发酵后经热处理的产品对乳酸菌数不作要求			

4.8　食品添加剂和营养强化剂

4.8.1　食品添加剂和营养强化剂质量应符合相应的安全标准和有关规定。

4.8.2　食品添加剂和营养强化剂的使用应符合 GB 2760 和 GB 14880 的要求。

第四章

新疆驼乳生产技术规范

【地方标准】

新疆维吾尔自治区地方标准
双峰驼产奶生产性能测定技术规程
Technical specification of lactation performance test on bactrian camel

标准号：DB65/T 4421—2021
发布日期：2021-08-16　　实施日期：2021-10-01
发布单位：新疆维吾尔自治区质量技术监督局

前　言

本文件按照 GB/T 1.1—2020《标准化工作导则　第 1 部分：标准化文件的结构和起草规则》的规定起草。

本文件由阿勒泰地区畜牧工作站提出。

本文件由新疆维吾尔自治区畜牧兽医局归口并组织实施。

本文件起草单位：阿勒泰地区畜牧工作站、新疆大学、新疆旺源生物科技集团、福海县农业农村局、新疆维吾尔自治区畜牧总站、阿勒泰地区动物疾病控制与诊断中心、黑龙江省畜牧总站。

本文件主要起草人：毋状元、杨洁、马英俊、夏江涛、藤能斯·阿合麦提拜、解晓钰、姚怀兵、王玉琢、吴海荣、王跃、艾地尔汗·沙合多拉、库拉别克·达列力汗、舒展、仲荣、沙依兰别克·塔比哈提、塔拉普别克·哈依尔别克、艾山江·阿衣沙、焦志君。

本文件实施应用中的疑问，请咨询新疆维吾尔自治区畜牧兽医局、阿勒泰地区畜牧工作站。

本文件的修改意见建议，请反馈至新疆维吾尔自治区畜牧兽医局（乌鲁木齐市新华南路 408 号）、阿勒泰地区畜牧工作站（阿勒泰市解放路 24 号）、新疆维吾尔自治区市场监督管理局（乌鲁木齐市新华南路 167 号）。

新疆维吾尔自治区畜牧兽医局联系电话：0991-8568089；邮编：830049

阿勒泰地区畜牧工作站联系电话：0906-2112622；传真：0906-2133730；邮编：836500

新疆维吾尔自治区市场监督管理局联系电话：0991－2818750；传真：0991-2311250；邮编：830004

1　范　围

本文件规定了双峰驼产奶生产性能测定的术语和定义、乳样的采集和记录、产奶量计算、乳成分率的测定和计算等要求。

本文件适用于新疆维吾尔自治区双峰驼产奶生产性能测定。

2　规范性引用文件

本文件没有规范性引用文件。

3　术语和定义

下列术语和定义适用于本文件。

3.1　挤奶期 artificial milking period

泌乳驼产驼羔后人工收集驼奶的时期，即产驼羔后泌乳第 60~365 d 开展人工挤奶的时间。

3.2　产奶性能测定 lactation performance test

对泌乳骆驼挤奶期泌乳能力和乳成分的测定。

3.3　测定日 test date

抽测奶量并采集乳样进行乳成分分析的泌乳日。

3.4　日产奶量 daily milk production

测定日骆驼全天可有效收集的产奶量，以千克为单位。

3.5　测定间隔期 test interval days

两相邻测定日之间的间隔天数，平均每 30 d 测定 1 次。

3.6　前次奶量 previous herd test milk

上次（月）测定日的日产奶量，以千克为单位。

3.7　挤奶期产奶量 milk production in artificial milking period

骆驼 1 个挤奶期所收集到的驼奶总量。

3.8　异常记录 abnormal record

测定日收集到的奶量与前 1 个测定日奶量相比，下降或超过 25%的日记录。

3.9　缺失记录 missing records

测定日未采样无记录。

3.10　测定日排序 test day order

挤奶期内测定日由前向后的排列顺序。

4　乳样的采集和记录

4.1　采样对象

与遗传改良相关的母驼，高产核心群中的母驼，种公驼后裔测定的后代母驼。

4.2　采样方法

母驼产驼羔第 60 d 后开始采样，每日早、晚各采集测定 1 次，挤奶前母驼与幼驼分群饲养 6 h 以上。

4.3　取样

每日早或晚固定时间采样，每个样品采集双份。

4.3.1　取样量

每份样品采样量 30 mL。

4.3.2　乳样保存

乳样在 2 h 内送检。若 2 h 内无法完成检测，需在每个驼乳样品中加入 3 滴重铬酸钾饱和溶液置于 0~5℃保存备检。

4.4　记录内容

4.4.1　骆驼基础信息

测定母驼所属养殖主体企业或合作社名称、法人或户主姓名、所在地址及联系电话；测定母驼个体信息，及亲代、子代信息。见附录 A 中表 A.1。

4.4.2　测定日产奶量

对母驼在测定日每次收集奶量进行称重，累加计算该测定日 2 次产奶量的总和即测定日产奶量。产奶量用 kg 表示，取小数点后 1 位。见附录 A 中表 A.2。

4.4.3　测定日乳成分

包括乳蛋白率、乳脂率、乳糖率及非脂乳固体率。乳成分数据取小数点后 2 位，见附录 A 中表 A.2。

5　产奶量计算

5.1　异常测定日产奶量

某测定日出现异常记录应按照附录 B 中 B.1 的方法测定日产奶量。

5.2　漏测产奶量

某测定日出现漏测按照附录 B 中 B.2 的方法测定日产奶量，1 个测定周期中如果连续 2 个测定日漏测或漏测累计超过 3 次则该峰骆驼测定结果不予承认。

5.3 间隔期产奶量计算

相邻两次测定日之间的累计产奶量为间隔期产奶量，以千克为单位，按照公式（1）计算；

$$M_{(x \to x+1)} = \frac{M_x + M_{x+1}}{2} \times t \tag{1}$$

式中：

X——测定日排序；

M_x——第 x 次测定日产奶量，单位为千克（kg）；

M_{x+1}——第 $x+1$ 次测定日产奶量，单位为千克（kg）；

$M_{(x \to x+1)}$——第 x 次测定日和第 $x+1$ 次测定日间隔期产奶量，单位为千克（kg）；

t——两次相邻测定日间隔天数，单位为天（d）。

5.4 挤奶期产奶量计算

根据 5.3 计算出 9 个产奶间隔期产奶量，累加后为整个挤奶期产奶量，以千克为单位。

6 乳成分的检测和计算

6.1 乳成分的检测

驼乳样品中乳蛋白率、乳脂率、乳糖率及非脂乳固体率采用乳成分分析仪检测，乳成分分析仪每月校正 1 次。

6.2 乳成分含量的计算

6.2.1 测定间隔期各乳成分含量的计算

产奶间隔期各乳成分含量的计算按公式（2）计算：

$$D_{(x \to x+1)} = \frac{r_x + r_{(x+1)}}{2} \times M_{(x \to x+1)} \tag{2}$$

式中：

$D_{(x \to x+1)}$——测定间隔期的乳蛋白、乳脂肪、乳糖及非脂乳固体的含量，单位为千克（kg）；

r_x——第 x 次测定日乳蛋白率、乳脂率、乳糖率及非脂乳固体率，单位为百分含量（%）；

$M_{(x \to x+1)}$——第 x 次测定日和第 $x+1$ 次测定日间隔期产奶量，单位为千克（kg）。

附　录　A
（资料性）
生产性能测定表

A.1　测定母驼基础信息

见表 A.1。

表 A.1　测定母驼基础信息

一、测定母驼所属养殖主体（大户、合作社、企业）信息			
养殖主体名称		联系人姓名	
所在县、乡（镇）、村		联系电话	
二、个体信息			
个体编号		年龄	
芯片号		特征	
三、亲代及子代信息			
父亲芯片号		母亲芯片号	
女儿芯片号		儿子芯片号	

A.2　测定日产奶量和乳成分率测定记录

见表 A.2。

表 A. 2　测定日产奶量和乳成分率测定记录

母驼编号		胎次				产驼羔日期		
测定日排序	测定日期	产奶量（kg）			乳蛋白率（%）	乳脂率（%）	乳糖率（%）	非脂乳固体率（%）
1								
2								
…								
9								
10								

附　录　B
(规范性)
异常记录和缺失记录的计算

B.1　异常记录的计算

B.1.1　异常记录的判定标准

判定异常记录的标准是此次测定的日产奶量与上 1 个测定日的产奶量相比，下降或上升的百分比大于 25%即判定为异常记录。

B.1.2　异常记录的处理

B.1.2.1　出现异常记录，于该测定日第 3 d 重新采样测定，如第 2 次测定仍然异常，则再间隔 1 d 采样检测，连续 3 次采样产奶量均低于前 1 次测定日产奶量的 25%，则按照前次产奶量记录评估计算该次产奶量，计算方法见公式（B.1）。

$$M_x = M_{x-1} \times 75\% \qquad (B.1)$$

式中：

x——测定日排序；

M_x——第 x 次测定日产奶量，单位为千克（kg）；

M_{x-1}——第 $x-1$ 次测定日产奶量，单位为千克（kg）。

B.1.2.2　如连续 3 次采样产奶量均高于前 1 次测定日产奶量的 25%，则按照前次产奶量记录评估计算该次产奶量，计算方法见公式（B.2）。

$$M_x = M_{x-1} \times 125\% \qquad (B.2)$$

式中：

x——测定日排序；

M_x——第 x 次测定日产奶量，单位为千克（kg）；

M_{x-1}——第 $x-1$ 次测定日产奶量，单位为千克（kg）。

B.2　漏测产奶量的计算

若某峰骆驼出现缺失记录，应按公式（B.3）进行计算。

$$M_x = \frac{M_{x-1} + M_{x+1}}{2} \qquad (B.3)$$

式中：

x——测定日排序；

M_x——第 x 次测定日产奶量，单位为千克（kg）；
M_{x-1}——第 $x-1$ 次测定日产奶量，单位为千克（kg）；
M_{x+1}——第 $x+1$ 次测定日产奶量，单位为千克（kg）。

【地方标准】

新疆维吾尔自治区地方标准
新疆准噶尔双峰驼产乳期饲养管理规范
Management regulation on feeding on milk production period of Xinjiang Junggar bactrian camel

标准号：DB 65/T 4422—2021
发布日期：2021-08-16　　实施日期：2021-10-01
发布单位：新疆维吾尔自治区市场监督管理局

前　言

本文件按照 GB/T 1.1—2020《标准化工作导则　第 1 部分：标准化文件的结构和起草规则》的规定起草。

本文件由阿勒泰地区畜牧工作站提出。

本文件由新疆维吾尔自治区畜牧兽医局归口并组织实施。

本文件起草单位：阿勒泰地区畜牧工作站、新疆大学、新疆旺源生物科技集团、福海县农业农村局、新疆维吾尔自治区畜牧总站、新疆畜牧科学院、阿勒泰地区动物疾病控制与诊断中心、黑龙江省畜牧总站。

本文件主要起草人：毋状元、沙依兰别克·塔比哈提、杨洁、马英俊、阿扎提·祖力皮卡尔、夏江涛、藤能斯·阿合麦提拜、特列克·库拉别克、解晓钰、姚怀兵、王玉琢、吴海荣、王跃、艾地尔汗·沙合多拉、舒展、库拉别克·达列力汗、仲荣、塔拉普别克·哈依尔别克、艾山江·阿衣沙、焦志君。

本文件实施应用中的疑问，请咨询新疆维吾尔自治区畜牧兽医局、阿勒泰地区畜牧工作站。

本文件的修改意见建议，请反馈至新疆维吾尔自治区畜牧兽医局（乌鲁木齐市新华南路 408 号）、阿勒泰地区畜牧工作站（阿勒泰市解放路 24 号）、新疆维吾尔自治区市场监督管理局（乌鲁木齐市新华南路 167 号）。

新疆维吾尔自治区畜牧兽医局联系电话：0991-8568089；邮编：830049

阿勒泰地区畜牧工作站联系电话：0906-2112622；传真：0906-2133730；邮编：836500

新疆维吾尔自治区市场监督管理局联系电话：0991-2818750；传真：0991-2311250；邮编：830004

1　范　围

本文件规定了新疆准噶尔双峰驼产乳期饲养管理的术语和定义、饲养环境、投入品、不同泌乳阶段的饲养管理、卫生消毒、废弃物处理及记录等要求。

本文件适用于新疆准噶尔双峰驼产乳期的饲养管理。

2　规范性引用文件

下列文件中的内容通过文中的规范性引用而构成本文件必不可少的条款。其中，注日期的引用文件，仅该日期对应的版本适用于本文件；不注日期的引用文件，其最新版本（包括所有的修改单）适用于本文件。

GB 16548　病害动物和病害动物产品生物安全处理规程

GB/T 28740　畜禽养殖粪便堆肥处理与利用设备

NY/T 388　畜禽场环境质量标准

NY/T 3075　畜禽养殖场消毒技术

NY 5027　无公害食品畜禽饮水水质

NY/T 5030　无公害农产品兽药使用准则

NY 5032　无公害食品畜禽饲料和饲料添加剂使用准则

NY/T 5339　无公害农产品畜禽防疫准则

3　术语和定义

下列术语和定义适用于本文件。

3.1　泌乳期 milk production period

分娩泌乳至干乳时期，泌乳期包括围产期、泌乳前期、泌乳盛期、泌乳中期及泌乳后期 5 个阶段，一个泌乳期平均为 400 d。

3.2　围产期 perinatal period

分娩后 0~15 d 的泌乳时期。

3.3　泌乳前期 early lactation period

分娩后 16~60 d 的泌乳时期。

3.4　泌乳盛期 colostrum period

分娩后 61~180 d 的泌乳时期。

3.5　泌乳中期 mid lactation

分娩后 181~285 d，此阶段骆驼泌乳量由高峰期下降至泌乳平台期。

3.6　泌乳后期 late lactation

分娩后 286 d 至干乳的泌乳时期。

4　饲养环境

4.1　骆驼饲养环境包括：养殖生活管理区、圈养挤奶区、放牧区和粪便处理区，各区域之间应分开。

4.2　饲养环境应符合 NY/T 388 中规定的要求。

4.3　放牧区分冬春放牧区和夏秋放牧区，放牧区应选择草质好、水源近、背风、向阳，离圈舍较近的草场放牧区域。

5　投入品

5.1　饲料和饲料添加剂要求

饲料添加剂应符合 NY 5032 中规定的要求进行使用。

5.2　精饲料

玉米、饼粕类、麸皮和红糖。

5.3　粗饲料

苜蓿干草、玉米青贮、混生干牧草及秸秆等饲草料。

5.4　饲料添加剂

盐、小苏打、乳酸钙。

5.5　饮用水

5.5.1　饮用水应符合 NY 5027 中规定的要求。

5.5.2　饮用水温度 10~50℃。

5.6　疫病防治物品

5.6.1　疫苗应符合 NY/T 5339 中规定的要求。

5.6.2　兽药应符合 NY/T 5030 中规定的要求。

6　不同泌乳阶段的饲养管理

6.1　围产期

6.1.1　围产期分 2 个阶段饲养管理，分娩后 0~3 d，自由采食牧草，补饲稀精料，配方为：温水 20 kg、麸皮 1.5 kg、红糖 1.0 kg、盐 0.1 kg、乳酸钙

0. 5 kg，连续饲喂 3 d。对乳房消肿较慢母驼，用 37 ~ 40℃的高锰酸钾溶液清洗、消毒乳房 5min，再用冰块冷敷 0. 5 h，并按摩乳房进行消肿，2 次/d，连续 3 d。

6. 1. 2　分娩后 4 ~ 15 d，自由放牧，按 6. 1. 1 稀精料配方补充精料，稀精料配方中水的比例逐渐减少，精料由稀料逐渐过渡至干料，随采食牧草量的增加逐渐减少精料的饲喂。

6. 2　泌乳前期

此阶段母驼与驼羔同群放牧，自由采食，采食量不足时补充精料。

6. 3　泌乳盛期

6. 3. 1　此阶段为骆驼产奶高峰期，母驼与驼羔阶段性分群饲养即挤奶前 6 h 分群饲养，其余时间合群饲养，母驼采取放牧加补饲方式饲养，5—6 月天气转暖时注意做好剪毛抓绒工作。

6. 3. 2　分娩后 60 d 开始挤奶，每天早、晚各挤奶 1 次，早晨挤奶时间 6: 00—8: 00，晚上 19: 00—21: 00；每次挤奶前，驼羔吮吸诱导母驼泌乳，待母驼乳头肿胀后将母驼驼羔分开，开始挤奶；早晚挤奶后每峰母驼每天补饲精料 1 ~ 1. 5 kg，适量补饲干牧草。精料配方：50%玉米，39%油葵饼粕或大豆饼粕，10%麸皮，1%粗盐。

6. 4　泌乳中期

6. 4. 1　此阶段骆驼泌乳量由高峰期逐渐下降至泌乳平台期，早晨挤奶时间为 7: 00—9: 00，晚上挤奶 18: 00—20: 00，采取放牧加补饲或全舍饲方式饲养，9—10 月按防疫要求进行秋季免疫，注射疫苗后 1 周内停止挤奶活动。

6. 4. 2　放牧加补饲，饲养方式按 6. 3. 2 方式进行。

6. 4. 3　全舍饲饲养，每天早、晚各补饲玉米青贮 7 ~ 8 kg、干牧草 4 ~ 5 kg；补饲精料 1 ~ 1. 5 kg。

6. 5　泌乳后期

6. 5. 1　此阶段骆驼泌乳量大幅下降，母驼泌乳同时进入发情配种期，分 2 个阶段饲养管理。

6. 5. 2　分娩后 286 ~ 365 d，挤奶、饲养方式与泌乳中期相同，对部分营养状况较差的母驼适量增加精料补饲量，同时做好母驼发情鉴定和配种工作。

6. 5. 3　分娩后 366 d 至干乳期，此阶段母驼处于妊娠初期，挤奶、饲养方式与泌乳中期相同，适量增加精料补饲量，挤奶和放牧过程中注意减少骆驼应激，做好保胎工作。

7 放牧管理

7.1 冬春季放牧（11 月—次年 3 月）

7.1.1 应选择草质好、水源近、背风、向阳，离圈舍较近的草场放牧，每天 11:00—16:00 为放牧时间，其余时间为舍饲圈养时间，及时补盐。

7.1.2 遇恶劣天气变化，及时将母驼赶回圈舍，并补饲草料。在遇到风雪、雨天时，应将乏弱母驼的背上搭盖毡片，以防御风寒。

7.2 夏秋季放牧（4—10 月）

7.2.1 应选择草质优良，背风、背阳的草场放牧。

7.2.2 牧草返青季节，放牧要拢紧驼群，防止母驼跑青而耗损体力，增加采食时间。

7.2.3 夏季午间到阴凉处休息，防止母驼受热伤害。

7.2.4 注意观察驼群，防止蚊蝇、蜱虫滋生，发现问题及时处理。

8 卫生消毒

骆驼养殖环境消毒应按照 NY/T 3075 中的规定实施。

9 废弃物处理

9.1 病死驼处理

对病死驼进行无害化处理，应符合 GB 16548 中的规定要求。

9.2 污染物处理

到粪污场堆积发酵应符合 GB/T 28740 中的规定要求。

10 记录

记录做好育种记录、生产水平分析记录、饲养及添加剂来源的记录、饲料配方及饲料消耗记录、防疫、检疫、用药和治疗情况记录、驼只进出场记录。

【地方标准】

新疆维吾尔自治区地方标准
双峰驼肠梗阻防治规程
Bactrian camel intestinal obstruction prevention and treatment protocols

标准号：DB65/T 4537—2022
发布日期：2022-10-10　　　　实施日期：2022-12-09
发布单位：新疆维吾尔自治区市场监督管理局

前　言

20 本文件按照 GB/T 1. 1—2020《标准化工作导则　第 1 部分：标准化文件的结构和起草规则》的规定起草。

本文件由阿勒泰地区畜牧工作站和新疆农业大学提出。

本文件由新疆维吾尔自治区畜牧兽医局归口并组织实施。

本文件起草单位：新疆农业大学、新疆大学、阿勒泰地区畜牧工作站、新疆旺源生物科技集团、黑龙江省畜牧总站。

本文件主要起草人：苏战强、杨洁、毋状元、马万鹏、姚怀兵、陈钢粮、马英俊、王玉琢、阿衣古丽·比亚地、王跃、塔拉普别克·哈依尔别克、托勒恒·哈加依。

本文件实施应用中的疑问，请咨询新疆农业大学、新疆维吾尔自治区畜牧兽医局。

本文件的修改意见建议，请反馈至新疆维吾尔自治区畜牧兽医局（乌鲁木齐市新华南路 408 号）、新疆农业大学（乌鲁木齐市农大东路 311 号）、阿勒泰地区畜牧工作站（阿勒泰市解放路 24 号）、新疆维吾尔自治区市场监督管理局（乌鲁木齐市新华南路 167 号）。

新疆维吾尔自治区畜牧兽医局联系电话：0991－8568089；传真：0991－8527722；邮编：830049

新疆农业大学联系电话：0991－8763453；传真：0991－8763453；邮编：830052

阿勒泰地区畜牧工作站联系电话：0906-2112622；传真：0906-2133730；邮编：836500

新疆维吾尔自治区市场监督管理局联系电话：0991-2818750；传真：0991-2311250；邮编：830004

1 范围

本文件规定了双峰驼肠梗阻的术语和定义、发病原因、诊断、治疗、无害化处理、预防的要求。

本文件适用于双峰驼肠梗阻疾病的综合防治。

2 规范性引用文件

下列文件中的内容通过文中的规范性引用而构成本文件必不可少的条款。其中，注日期的引用文件，仅该日期对应的版本适用于本文件；不注日期的引用文件，其最新版本（包括所有的修改单）适用于本文件。

GB 18596　畜禽养殖业污染物排放标准

GB/T 36195　畜禽粪便无害化处理技术规范

NY/T 541　兽医诊断样品采集、保存与运输技术规范

动物防疫条件审查办法农业部令 2010 年第 7 号

3 术语和定义

下列术语和定义适用于本文件。

3.1 双峰驼肠梗阻 intestinal obstruction in bactrian camel

又称肠便秘，是各种原因引起的肠内容物通过障碍，使肠管发生扩张或阻塞的一种急性腹痛病。

4 发病原因

4.1 饲养管理

长期圈养和运动不足造成胃肠机能降低引发肠梗阻，饲喂大量粗硬劣质的干草、苜蓿草、葵花头、玉米秸秆等，是本病发生的主要原因。

4.2 营养代谢性因素

缺乏维生素和微量元素造成异食癖，误食布片、塑料薄膜、舔食被毛等。

4.3 寄生虫感染

肠道感染细颈线虫、血矛线虫、夏伯特线虫、球虫等寄生虫。

4.4　肝脏疾病

肝炎、肝脏疾病导致的胆汁分泌减少。

5　诊断

5.1　临诊症状

5.1.1　病程初期：患驼反刍减少或停止，可视黏膜潮红，右腹部膨大，瘤胃蠕动减少，脉搏、呼吸及体温均无明显变化。

5.1.2　病程中期：瘤胃停止蠕动，肠音不断减弱，患驼食欲逐渐降低，精神状态逐渐变差，仅能够排出很少的稀粪。

5.1.3　病程后期：部分患驼有疝痛表现，起卧不安、后肢踢腹及后肢交替踏地等症状，患驼卧地不起，表现为侧卧且后肢伸直。

5.1.4　病程末期：部分患驼心律不齐或心率加快；濒死期患驼体温降低，右腹膨大严重，冲击式触诊会探测到腹腔内有大量液体，患驼仅排出少量的黏胶样粪便；患驼最终死亡；临诊中，急性肠梗阻患驼会出现全身症状，表现为体温下降、呼吸粗粝、皮温不整和食欲废绝。

5.2　临诊诊断

5.2.1　针对患驼的症状进行诊断

a）正常体温、呼吸、脉搏，分别为36.40~38.20℃、8~12次/min、32~52次/min范围。

b）患驼食欲减退甚至废绝，排粪减少或不排粪，努责频繁。

c）冲击式触诊右腹部有明显的拍水音。

d）直肠检查，直肠内有胶状黏液，在结肠部位能摸到大小不一的硬块，空肠回肠有积液。

5.2.2　临诊诊断时应针对以下疾病鉴别诊断

a）胃肠炎：患有胃肠炎的病驼精神沉郁、食欲减退或废绝、口腔干燥、舌苔重、口臭；嗳气、反刍减少或停止；呈稀粥样或水样腹泻，粪便腥臭，混有黏液、血液和脱落的黏膜组织，或混有脓液；腹痛，肌肉震颤，肚腹蜷缩；初期肠音增强，后期逐渐减弱甚至消失；当炎症波及直肠时，呈现里急后重；病至后期，肛门松弛，排粪失禁；炎症仅限于十二指肠，患驼精神沉郁，体温升高，心率加快，呼吸急促。

b）肠变位：患驼病初呈中度间歇性腹痛，到中后期转为持续性剧烈腹痛；食欲废绝、口腔干燥、肠音沉衰和消失，排粪停止；完全阻塞性肠变位直肠检查时直肠内黏液较多，腹压较大。

c）胰腺炎：患驼突发腹痛、呕吐、发热，持续发热1周以上不退或逐日升高；慢性胰腺炎后期，有吸收不良综合征和糖尿病表现；胰腺外分泌功能障碍能引起腹胀、食欲减退、精神沉郁、消瘦、腹泻，甚至脂肪泻。

d）肝炎：患驼表现精神不振、食欲减少或废绝、体重减轻、饮欲增强、体温稍高、齿龈或结膜黄染，肝区触压有疼痛反应；慢性肝炎表现为呕吐、腹泻和便秘交替出现，逐渐消瘦，肝脏稍大，转为肝硬化时，出现腹水，肚腹增大。

e）胆囊炎：急性胆囊炎患驼体温升高、恶寒战栗、轻微黄疸、腹痛，触诊肝部，患驼疼痛不安；慢性胆囊炎患驼表现食欲减退，便秘或腹泻，黄疸、腹痛、消瘦、贫血。

f）尿结石：患驼排尿困难，频繁做排尿姿势，叉腿、拱背、缩腹、举尾、阴户运动、努责、嘶鸣，线状或点滴状排出混有脓汁和血凝块的红色尿液；当结石阻塞尿路时，患驼排出的尿流变细或无尿排出而发生尿潴留。

5.3　超声诊断

5.3.1　肠段积液或积液积气：梗阻以上较大范围积液肠管重叠，形成多个含液图像。

5.3.2　肠腔扩张：积液肠段观察时呈持续扩张，不同于正常肠管，可见短暂性扩张。

5.3.3　肠黏膜皱襞水肿增厚：水肿增厚的黏膜皱襞回声增强；沿肠管纵切面，增厚的黏膜皱襞间隔排列，肠管内积气、积液。

5.3.4　肠蠕动增强：超声图像上可见气体、液体在肠管内迅速流动及返流且频率和强度不一。

5.4　病理变化

5.4.1　梗阻部位以上变化：肠腔扩张，肠壁变薄，肠道黏膜发生溃疡或出现糜烂，有些病例有浆膜破裂现象，严重的肠壁会因供血障碍而坏死或穿孔。

5.4.2　梗阻部位以下变化：肠管塌陷，肠管内有坏死黏膜和分泌物。

5.4.3　患驼肠扭转或肠壁破裂时会出现腹水，腹水中常混有血液。

5.4.4　患驼血液变化：血液浓缩呈暗红色，凝固不良。

5.4.5　部分患驼会出现心内膜炎、肝脏肿大和脾脏点状出血等病变。

5.5　实验室诊断

5.5.1　血液学变化：肠阻塞的病情由轻转重，血沉逐渐变慢；红细胞计数与血红蛋白含量随病情加重而升高；严重病例可见白细胞增多，病至末期白细胞减少者预后不良。

5.5.2　粪便中检测到大量的细颈线虫、血矛线虫、夏伯特线虫、球虫等寄生虫虫卵时，应考虑寄生虫导致肠梗阻的可能。

5.5.3　双峰驼肠道寄生虫的检测方法按照附录 A 的规定执行，双峰驼血常规和血生化检测方法按照附录 B 的规定执行。

6　治疗

6.1　基本原则

遵循“镇痛”“疏通”“补液”“减压”和“护理”的治疗原则。

6.2　治疗方法

6.2.1　镇痛：30%安乃近注射液 5~20 mL，或盐酸氯丙嗪注射液每千克体重 0.5~1.0 mg 肌内注射。

6.2.2　消散结粪，疏通肠道：一般的梗阻，保障充足饮水情况下内服硫酸钠（或硫酸镁）500~1 000 g，制成 6%~8%水溶液灌服；顽固性阻塞，宜用食用油或液状石蜡 1 000 mL，一次灌服。

6.2.3　补液强心：复方氯化钠注射液与 5%葡萄糖注射液、5%碳酸氢钠注射液、5%葡萄糖生理盐水注射液，静脉缓慢滴注。

6.2.4　胃肠减压：及时用胃管导出胃内积液，或腹两侧肷部穿肠放气，解除胃肠臌胀状态，降低腹内压，改善血液循环机能。

6.2.5　护理：作适当牵遛活动，持续 0.3 h 以上，防止病畜急剧滚转和摔伤，促使肠管复位，加速肠蠕动。

6.2.6　寄生虫性肠梗阻：使用硫苯咪唑内服，一次量为每千克体重 10~20 mg，并与其他方法配合进行治疗。

6.2.7　当上述治疗措施无效时可进行手术治疗。

7　无害化处理

对病死的骆驼用深埋法进行处理。

8　预防

8.1　预防措施

8.1.1　管理方面：养殖人员应及时清理废弃的饲草料和排泄物，圈舍内不应出现塑料布、塑料绳及毛发等废物，避免被骆驼采食；圈舍要及时消毒，提高种群抗病力；应更改定时饮水习惯为自由饮水，提供充足的饮水。

8.1.2　日常饲喂：制定合理的饲料配方，饲料的选择应多元化、规律化，打破既往单一或粗纤维含量过高的喂养习惯；不应骤然变换饲料，而应循序进行替换；饲喂粗饲料应遵循长草短喂、少量多次的原则，饲喂苜蓿草、葵花头、玉米秸秆等饲料时应粉碎后饲喂；精饲料和粗饲料要合理搭配，补充玉米粉、麦麸等精饲料，同时补充适当的维生素和微量元素；不应饲喂发霉变质和带有芒刺的饲料。

8.1.3 病后护理：结块疏通后的1~2 d，按具体条件选择流质饲料喂养，并在其大量排便后，循序饲喂易消化的饲料。

8.1.4 按时驱虫：建立每峰骆驼驱虫档案，每年应在秋末冬初和冬末春初驱虫2次，使用伊维菌素、阿苯达唑和硫苯咪唑等驱虫药交替使用驱虫。

8.1.5 场地建设：建设防风保暖、科学防病和治病的现代化养殖场，同时保障骆驼有足够的运动场地，场地建设应符合《动物防疫条件审查办法》的规定。

8.2 粪便的处理

应按照 GB/T 36195 和 GB18596 的规定进行处理。

8.3 管理

8.3.1 制度管理

场区应建立健全岗位责任制、生产管理、投入品管控和使用、免疫、卫生消毒、疾病诊疗记录档案等制度。

8.3.2 日常管理

养殖人员应定期接受培训，及时了解种群状况，以便更好地配合兽医技术人员，快速完成双峰驼肠梗阻的防治，将损失降到最低。

附 录 A
(规范性)
双峰驼肠道寄生虫的检测

A.1 样品的采集

用一次性手套或无菌管采集患驼粪便，采集后的样品应冷藏保存带回实验室，采集时应按照 NY/T 541 的要求进行采集。

A.2 寄生虫的检查方法

采用虫卵检查法检查患驼粪便中虫卵的种类及数量，最常用的方法有饱和食盐水漂浮法和水洗沉淀法。

A.2.1 饱和食盐水漂浮法

从样品中取粪便约 10 g 放于研钵中，加适量饱和食盐水；研磨，用 15 目铜筛过滤至小口瓶中（瓶内粪汁稍凸起于瓶口）；加盖盖玻片，静置 10~15 min；将盖玻片放在载玻片上，镜下观察虫卵种类。

A.2.2 水洗沉淀法

取约 15g 湿润粪便放入研钵中研磨捣碎，置于烧杯中；加入 5~10 倍清水，用玻璃棒搅匀；15 目铜筛过滤后，将滤液倒入离心管内，静置 30 min；弃上清液，再加入清水混匀，静置 30 min；重复此步骤至上清液澄清；弃上清液，用胶头吸管吹吸均匀后吸取粪汁滴至载玻片上，加盖盖玻片镜检并观察虫卵种类。

A.3 结果判定

患驼消化道寄生虫主要有以下几类。

a）细颈线虫卵：最大的一种线虫卵，大小为（220~280）μm×（100~130）μm，呈两端略窄的椭圆形，新鲜的虫卵内含 2~8 个卵细胞，色深，位于中央，卵内空隙较大，见图 A.1。

b）夏伯特线虫卵：呈长椭圆形，大小为（100~120）μm×（40~50）μm，两端稍对称，卵细胞较大，颜色较深，见图 A.2。

c）血矛线虫卵：呈椭圆形，淡灰色；大小为（80~90）μm×（40~45）μm，新鲜虫卵的卵细胞为 16~32 个，见图 A.3。

d）球虫卵：呈椭圆形、亚球形，颜色为黄色、淡黄色，大小为（90~100）μm×（70~80）μm，一端有极帽，卵囊壁较厚，见图 A.4。

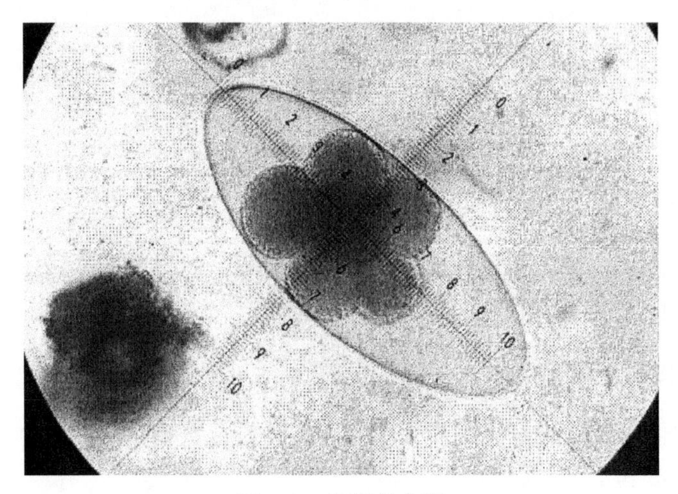

图 A.1　细颈线虫卵

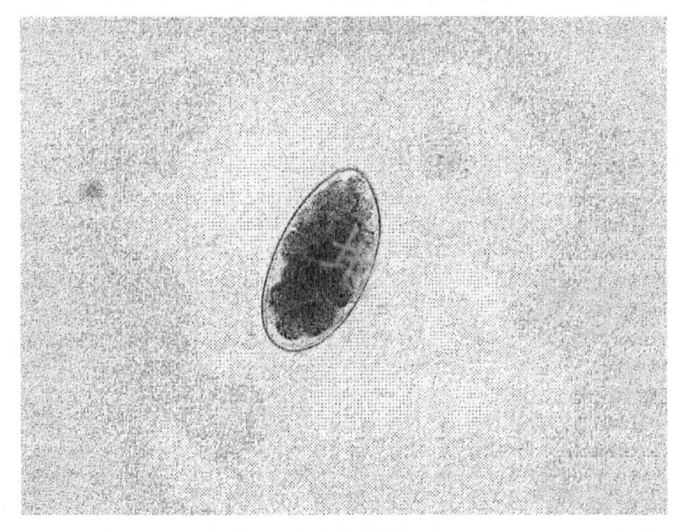

图 A.2　夏伯特线虫卵

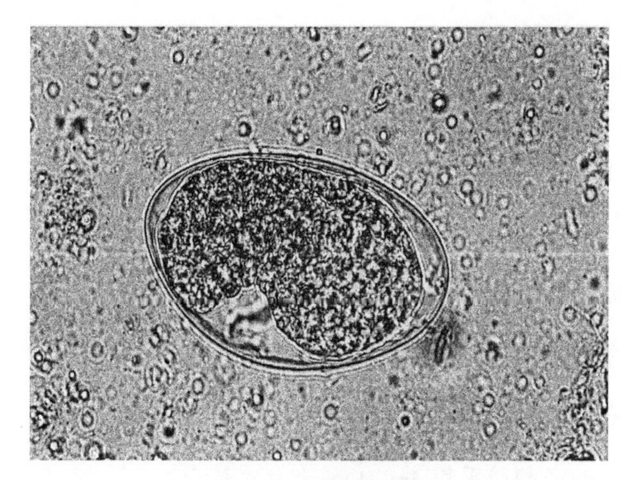

图 A.3　血矛线虫卵

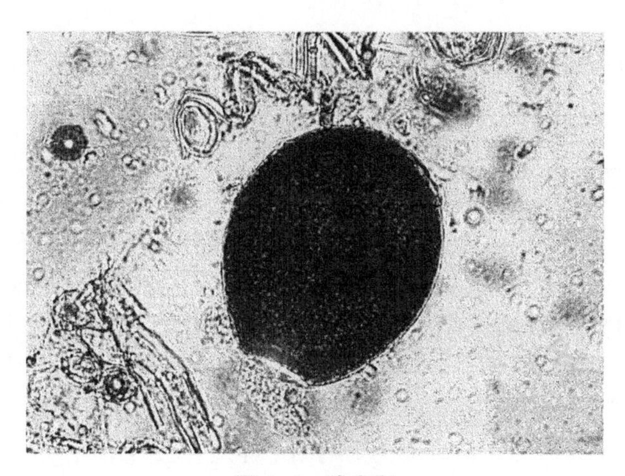

图 A.4　球虫卵

附　录　B
（规范性）
双峰驼血常规和血生化的检测

B.1　双峰驼血常规和血生化的实验室检测

双峰驼发生肠梗阻后，可抽取患驼的血液以辅助诊断。

B.2　患驼血液的采集

用普通采血管颈静脉采集 5mL 血液备用。

B.3　实验仪器

血常规用动物血细胞分析仪进行测定，血液生化用动物血生化分析仪进行测定。

B.4　发生肠梗阻后血常规和血生化的变化

当双峰驼发生肠梗阻后，血常规的个别指标如红细胞（RBC）、平均红细胞体积（MCV）、血小板（PLT）等会有明显的下降，而白细胞（WBC）、血红蛋白（HGB）、红细胞平均血红蛋白浓度（MCHC）等指标会上升；血生化的个别指标如葡萄糖（GLU）和总蛋白（TP）会下降，谷丙转氨酶（ALT）、白蛋白（ALB）、尿素（BUN）、谷草转氨酶（AST）、总胆固醇（CHO）等指标会有明显的上升。但在临诊中，个别因个体差异会有不同。

B.5　正常双峰驼的血常规和血生化

B.5.1　正常双峰驼血生化指标见表 B.1。

表 B.1　正常双峰驼的血生化指标

生化指标	均值	范围
TP/(g/dL)	6.96±0.72	4.80~8.20
ALB/(g/dL)	4.25±0.63	2.60~5.40
AST/(U/L)	105.19±23.60	37~58
GLOB/(g/L)	2.73±0.51	1.80~3.90

（续表）

生化指标	均值	范围
ALP/(U/L)	82.46±19.64	58~127
ALT/(U/L)	28.23±12.70	21.00~60.00
A/G	1.8±0.27	1.40~2.30
B/C	15.24±7.47	4.2~30.80
TBIL/(mg/dL)	<0.40	<0.40
AMY/(U/L)	467.48±158.33	230~845
GLU/(mmol/L)	5.18±0.85	3.46~7.00
CHOL/(U/L)	64.01±9.62	50~81
CREA/(mg/dL)	1.23±0.61	0.01~2.50
BUN/(mg/dL)	19.21±5.26	7.60~31.20
UREA/(mg/dL)	39.74±13.71	2.10~66.80
PHOS/(mg/dL)	6.18±1.26	3.10~8.30
Ca/(mg/dL)	9.99±4.76	9.20~11.50

B.5.2　正常双峰驼血常规指标见表 B.2。

表 B.2　正常双峰驼血常规指标

血常规指标	均值	范围
WBC/($\times10^9$/L)	11.39±4.58	2.40~29.00
RBC/($\times10^{12}$/L)	9.88±1.26	4.47~13.31
HGB/(g/L)	125.63±15.59	58~164
HCT/%	32.13±4.47	13.50~43.20
MCV/(fL)	32.65±3.08	27.40~40.60
MCH/(pg)	12.65±0.77	9.90~13.80
MCHC/(g/L)	391.74±30.03	325~356
RDW/%	18.56±2.22	15.40~23.80

【地方标准】

哈密市地方标准
乳用双峰驼繁殖技术规程
Technical regulations for reproduction of milk bactrian camel

标准号：DB 6505/T 165—2023
发布日期：2023-03-15　　实施日期：2023-04-15
发布单位：哈密市市场监督管理局

前　言

本文件按照 GB/T 1.1—2020《标准化工作导则　第 1 部分：标准化文件的结构和起草规则》的规定起草。

本文件由哈密市畜牧工作站提出并制定。

本文件由哈密市农业农村局归口。

本文件起草单位：哈密市畜牧工作站。

本文件主要起草人：李文、罗生金、蔡树东、周斐然、王万兴、潘伊微、张军。

本文件实施应用中的疑问，请咨询哈密市畜牧工作站。

对本文件的修改意见建议，请反馈至哈密市畜牧工作站、哈密市市场监督管理局。

哈密市畜牧工作站联系电话：0902-2323719；传真：0902-2323719；邮编：839000。

哈密市市场监督管理局联系电话：0902-2250279；传真：0902-2251069；邮编：839000。

1　范围

本文件规定了乳用双峰驼繁殖技术的术语和定义、选种选配、母驼的发情、公驼的发情、配种工作组织、配种、妊娠检查、分娩、繁殖评价、档案管理等技术要求。

本文件适用于哈密市域内乳用双峰驼的繁殖。

2　规范性引用文件

下列文件中的内容通过文中的规范性引用而构成本文件必不可少的条款。其中，注日期的引用文件，仅该日期对应的版本适用于本文件；不注日期的引用文件，其最新版本（包括所有的修改单）适用于本文件。

DB 6505/T 088—2020　骆驼疾病综合防治技术规程

《饲料原料目录》中华人民共和国农业部公告第 22 号

《畜禽标识和养殖档案管理办法》中华人民共和国农业部令 2006 年第 67 号

3　术语和定义

下列术语和定义适用于本文件。

3.1　发情周期 estrus cycle

在生理周期或非妊娠状态下，雌性动物每间隔一定时期均会出现一次发情，通常将这次发情开始至下次发情开始或这次发情结束至下次发情结束所间隔的时期，称为发情周期。母驼发情集中在冬春两季。

3.2　体成熟 sexual maturity

初情期后，公母驼的骨骼、肌肉、内脏器官及生殖器官均已基本发育完成，达到体成熟，具有成年驼所固有的形态和机能。

3.3　选种 select seeds

从畜群中选择出符合本品种特征的优良个体留为种用。

3.4　选配 select to breed

对动物的配对加以人工控制，使优秀个体获得更多的交配机会，并使优良基因更好地重新组合，促进动物的改良和提高。

3.5　冬疯 winter madness

每年 12 月上中旬至 1 月上旬开始发情的公驼，这一类多为膘情好、体力强的壮年公驼。

3.6　春疯 winter madness

每年 2 月上旬至中旬开始发情的公骆驼，这类公骆驼年龄小、膘情差。

3.7　壮龄公驼 male camel of strong age

壮龄公驼系指 6~19 周岁的公骆驼。

3.8　青年公驼 young male camel

青年公驼系指 3~5 周岁的公骆驼。

4 选种选配

4.1 选种方法

选择符合本品种特征，生产性能高、体质外型好、发育正常、繁殖性能好、种用价值高的骆驼。

4.2 选配方法

4.2.1 纯种繁育

在本品种内，采取选种选配、品系繁育等措施，以提高和巩固本品种的优良特性，增加品种内优良个体的比重，克服该品种的缺点，保持品种纯度，提高整个品种质量。

4.2.2 杂交繁育

不同品种间的公驼、母驼进行交配并从其后代中得到杂交优势。

4.3 配种年龄

骆驼体成熟后母驼呈现发情周期，母驼初配年龄应在 4~5 周岁，公驼初配年龄应在 5~6 周岁。具体可根据骆驼的生长发育情况而定。

5 母驼的发情

5.1 发情季节

母驼发情集中在冬春两季，发情开始时间在每年 12 月下旬至次年 1 月中旬，4 月中旬发情结束。

5.2 试情时间

试情须在清晨或傍晚进行。

5.3 试情方法

先让母驼卧地，慢慢牵引公驼从母驼后方爬跨。公驼接近时，发情母驼仍安静卧地，不发情者则迅速站起。可疑者，欲起又不起，并回头喷公驼。须让公驼实际爬跨，才能判断是否发情。

6 公驼的发情

6.1 发情季节

公驼有明显的发情配种季节，发情季节内，公驼发情程度不同，发情开始和结束的时间也有差异，有“冬疯”和“春疯”之分。

6.2 发情表现

6.2.1 吐白沫。发情旺盛的公驼，口中常吐白沫。安静时及交配后，吐沫停止。

6.2.2　发声。公驼口中发出嘟嘟声，喉中发出吭吭声，越兴奋声音越大。
6.2.3　磨牙。无论兴奋与否，发情旺盛的公驼都有磨牙现象，性欲不强的公驼在安静时不磨牙。
6.2.4　打水鞭。发情旺盛的公驼，将后肢叉开，后躯半蹲，头部后仰，尾巴有节奏地上下甩打，尾巴向下甩打时，有时排出少量尿液，向上甩打时尿液伴随尾巴将后峰及尻部的被毛打湿。

7　配种工作组织

7.1　整群

骆驼配种季节到来之前（即公驼发情前1~1.5个月），将繁殖母驼单独组群。应将空怀母驼、妊娠母驼和带羔母驼分群饲养。

7.2　体检

7.2.1　健康检查

配种开始前，公驼和参配母驼均应进行健康检查。对久配不孕及患有生殖疾病的母驼，应查明原因，对症治疗，疾病综合防治应符合DB6505/T 088—2020的规定。

7.2.2　短期优饲

视母驼膘情酌情补饲干草或精料，以提高其营养水平，保证正常发情配种；对体况较差的种公驼，每天除补饲优质干草外，还需补饲2.5~3.0 kg精料补充料，饲料原料应符合中华人民共和国农业部《饲料原料目录》的规定。发情旺盛的公驼有时甚至不食，应加强管理，适当减少配种次数，以保证配种能力。

8　配种

8.1　自由交配

选择配种能力及遗传性能好的壮龄公驼，按照公驼、母驼1∶(20~30)的比例组群混养，自由交配。

在驼群保留发育状况良好的青年公驼参与配种任务以提高母驼受胎率。

8.2　人工辅助交配

将发情母驼牵到配种架内，牵引公驼配种，进行必要的人工辅助。具体操作程序为，使母驼卧于稍高的地面上，辅助人员蹲在母驼臀部左侧，待公驼爬跨时，将母驼的尾拉至同侧，公驼卧下时，立即用手捏住其包皮，将阴茎导入母驼阴门。

9 妊娠检查

9.1 外部观察法

9.1.1 母驼妊娠不久，食欲增加，膘情改善，妊娠后期腹部逐渐增大，右腹部凸起但不明显，妊娠11个月时，乳房开始增大。

9.1.2 妊娠母驼的嗉毛及肘毛比空怀母驼长得快。

9.1.3 妊娠中期换毛后，阴唇及其周围的皮肤上长光洁短毛，与四周的长毛形成一个竖椭圆形界线。

9.1.4 妊娠母驼明显变化是拒配。

9.2 B超诊断法

在配种60 d后采用B超进行妊娠诊断。

10 分娩

10.1 分娩预兆

10.1.1 生殖器官的变化。阴唇肿胀，从产前数天至40 d不等。

10.1.2 乳房的变化。产前1~1.5个月乳房开始迅速发育并增大，至产前10余天，显著膨胀，皮肤紧张；乳头基部从产前半个月开始变粗、软化，产前1~5 d整个乳头明显膨大、变软、充满乳汁，触诊有波动感。

10.1.3 行为上的变化。母驼在分娩前表现不安或企图离群出走。产前1 d，母驼表现轻度不安，放牧时常在群边活动，吃草减少，回圈后常沿着围墙走动，或站在门口企图外出，有时还起卧打滚，临产前离群急行，或早晨一出牧即离群。

10.2 接产

10.2.1 产前准备。产前应备好草料、水，并将母驼迁到避风、安静、干净的地方。舍饲养殖应将母驼转入产房。

10.2.2 助产方法。若母驼能自然分娩，无须助产。当母驼产力不足或出现难产现象时及时进行助产。

10.3 初生驼羔护理

10.3.1 护理。驼羔出生后，撕去体外的套膜，擦干被毛，用垫料包裹胸腹，将驼羔放在铺有干燥清洁的垫料，气候骤变时可将驼羔转至接羔棚内。

10.3.2 哺乳。初产母驼，若母性不强时，可保定后肢，人工辅助驼羔进行哺乳，待习惯3~5 d后即可。驼羔生后1~7 d内要注意辅助哺乳，40 d内让驼羔跟随母驼自由吃奶。

11　繁殖评价

11.1　受胎率

繁殖母驼配种后受胎的母驼数占参与配种的母驼数的百分比，主要反映配种质量和母驼的繁殖性能，可用如下公式表示：

$$受胎率（\%）=\frac{妊娠母驼数}{参配母驼数}\times100$$

11.2　繁殖率

年内实际产羔的母驼数量占应繁母驼数量的百分比，可用如下公式表示：

$$繁殖率（\%）=\frac{年内实际产羔母驼数量}{年内应繁母驼数量}\times100$$

11.3　繁殖成活率

本年度成活的断奶驼羔数占上年度年末能繁殖母驼数的百分比，可用如下公式表示：

$$繁殖成活率（\%）=\frac{年内断奶成活驼羔数}{上年末繁殖母驼总数}\times100$$

12　档案管理

建立乳用双峰驼繁殖记录（附录 A），按照《畜禽标识和养殖档案管理办法》的相关规定执行。

附　录　A
（资料性）
乳用双峰驼繁殖记录

母驼号	发情时间	配种时间	公驼品种	公驼编号	妊娠判定	妊娠日期	预产期	产羔日期

【地方标准】

哈密市地方标准
乳用双峰驼驼羔培育技术规程
Technical specification for breeding milk bactrian camel lambs

标准号：DB 6505/T 166—2023
发布日期：2023-03-15　　实施日期：2023-04-15
发布单位：哈密市市场监督管理局

前　言

本文件按照 GB/T 1. 1—2020《标准化工作导则　第 1 部分：标准化文件的结构和起草规则》的规定起草。

本文件由哈密市畜牧工作站提出并制定。

本文件由哈密市农业农村局归口。

本文件起草单位：哈密市畜牧工作站。

本文件主要起草人：李文、罗生金、蔡树东、周斐然、王万兴、潘伊微、陈颖。

本文件实施应用中的疑问，请咨询哈密市畜牧工作站。

对本文件的修改意见建议，请反馈至哈密市畜牧工作站、哈密市市场监督管理局。

哈密市畜牧工作站联系电话：0902-2323719；传真：0902-2323719；邮编：839000。

哈密市市场监督管理局联系电话：0902-2250279；传真：0902-2251069；邮编：839000。

1　范　围

本文件规定了乳用双峰驼驼羔培育的术语和定义、基本要求、初生驼羔的护理、驼羔的饲养、驼羔的断奶、驼羔的管理、疫病防治、驼羔选育、档案管理等技术要求。

本文件适用于哈密市域内乳用双峰驼驼羔的培育。

2 规范性引用文件

下列文件中的内容通过文中的规范性引用而构成本文件必不可少的条款。其中，注日期的引用文件，仅该日期对应的版本适用于本文件；不注日期的引用文件，其最新版本（包括所有的修改单）适用于本文件。

GB 13078　饲料卫生标准
GB/T　18935　口蹄疫诊断技术
GB/T　18646　动物布鲁氏菌病诊断技术
NY/T 388　畜禽场环境质量标准
NY/T 3075　畜禽养殖场消毒技术
NY 5027　无公害食品　畜禽饮用水水质
DB 6505/T 086—2020　双峰驼规模化养殖场建设技术规范
DB 6505/T 088—2020　骆驼疾病综合防治技术规程
饲料原料目录　中华人民共和国农业部公告第22号
饲料和饲料添加剂管理条例　中华人民共和国国务院令2017年第676号
畜禽标识和养殖档案管理办法　中华人民共和国农业部令2006年第67号

3 术语和定义

下列术语和定义适用于本文件。

3.1 驼羔 camel lamb

2周岁以内的骆驼。

3.2 初乳 colostrum

母驼分娩后1~7 d内所产的乳。

3.3 代乳料 milk replacement

通过人工配制用于代替全乳的饲料。

3.4 驼羔培育 calf breeding

驼羔在2周岁前通过科学饲养管理，在一定时期内达到预期标准的生产方式。

4 基本要求

4.1 环境要求

饲养环境及空气质量应符合NY/T 388的规定。

4.2 水质

应符合 NY 5027 的规定。

4.3 饲料和饲料添加剂

饲料和饲料添加剂使用应符合《饲料和饲料添加剂管理条例》的规定。

饲料和饲料添加剂的卫生指标应符合 GB 13078 的规定。

饲料应符合中华人民共和国农业部《饲料原料目录》的规定。

5 初生驼羔的护理

5.1 接生

驼羔出生后，接羔员应立即用消毒纱布或毛巾清除口部、鼻腔和头部黏液。

5.2 断脐

驼羔出生后脐带一般自然断裂，若不能断裂，在距腹部 10 cm 以下处用消毒剪刀剪断脐带，挤净滞留在脐带内的血液和黏液，脐带断端用碘酊消毒。

5.3 驼羔护理

驼羔出生后，撕去体外的套膜，擦干被毛，用垫料包裹胸腹，将驼羔放在干燥清洁的垫料上，气候骤变时可将驼羔转至接羔棚内。

6 驼羔的饲养

6.1 哺乳

6.1.1 自然哺乳

第一次哺乳是在驼羔出生后 2~3 h 进行，在哺乳前应洗净母驼乳房，挤去最初几滴初乳。第二次哺乳在第一次哺乳后 3~4 h 进行。之后每 3 h 授乳一次为宜。泌乳量较高的母驼每日早晚各挤乳一次，防止驼羔过量采食，引起消化不良。

6.1.2 人工辅助哺乳

少数初产母驼母性较差，不接受哺乳，应开展人工辅助哺乳。具体方法为保定母驼的一条后腿，将母驼稍向前牵引，便可辅助驼羔哺乳，经过 3~5 d，母驼便能认羔。

6.1.3 寄养管理

母驼出现产后缺奶或伤亡等情况，初生驼羔应采用寄养的方式饲养，寄养母驼应选择体格健康、产期接近、母性强、性情温顺的母驼，驼羔在人为辅助下进行哺乳，人工辅助 3~5 d，使母驼逐步适应至认可驼羔。

6.2 驼羔开食训练与补饲

6.2.1 开食训练

驼羔出生 15~40 d 后训练其开食，开食饲喂精粗饲料，精饲料应选择营养丰富、易于消化的全价料，补饲量应逐步增加；粗饲料应选叶片多、茎秆少、适口性好的优质柔碎的青干草，供驼羔自由采食。

6.2.2 补饲

4 月龄后开始逐步增加补饲量，青贮饲料日喂量为 3~4 kg，混合精料日喂量 1~2 kg，食盐 20 g 左右，干物质采食量日饲喂量逐步达到 4.5 kg，保证其基本生长发育的营养需要，可参照附录 A 或附录 B 执行。

7 驼羔的断奶

7.1 断奶时间

放牧条件下的驼羔应采取自然断奶，以 16~18 月龄为宜；舍饲条件下的驼羔应根据其生长发育和体质强弱情况确定断奶时间，以 14~16 月龄为宜。

7.2 断奶方法

7.2.1 母仔隔离断奶法

应将驼羔留在原产地，使其生长环境条件不发生变化，母仔分开饲养，此方法一般 15~20 d 即可完成断奶。

7.2.2 乳房罩断奶法

用边长为 50~60 cm 的等边三角形布制乳房罩将断奶母驼乳房罩紧，使驼羔吃不到母乳。此方法一般 20 d 左右即可完成。

7.2.3 自然断奶

让驼羔自然哺乳，不加人为干预，直至母驼因腹内胎儿发育营养需求剧增而完全停止分泌乳汁为止。此方法一般在 7 月前后完成。

8 驼羔的管理

8.1 驼羔登记

驼羔出生后，编号，佩戴耳标，称重，测体尺，填写档案，按照畜禽标识和养殖档案管理办法执行。

8.2 分群

按照驼羔出生时间、体质强弱分栏饲养，专人护理。

8.3 圈舍环境要求

圈舍应清洁卫生、通风、干燥、温度适宜，初生驼羔环境温度以 10℃ 左右为宜。寒冷季节应密闭圈舍门窗，地面铺垫柔软干草、麦秸等，必要时应设置取暖设备。圈舍应符合 DB 6505/T 086—2020 的规定。

8.4 日常观察

每日观察驼羔的行为、精神、采食和粪便等，出现异常及时处置。

9 疫病防治

9.1 消毒

9.1.1 环境消毒。每隔 15～30 d 用 2%火碱喷雾或生石灰对圈舍进行消毒，应符合 NY/T 3075 的规定。

9.1.2 器具消毒。哺乳用具、补料槽、饮水槽等每次用完后刷洗干净，保持清洁，定期用 1%～3%来苏儿或 0.1%新洁尔灭溶液消毒。消毒应符合 NY/T 3075 的规定。

9.2 防疫

驼羔出生后，疾病综合防治应符合 DB 6505/T 088—2020 的规定。按照动物疫病强制免疫计划或者免疫技术规范实施口蹄疫疫苗免疫接种。按照《中华人民共和国动物防疫法》的规定进行防疫。

9.3 监测

布鲁氏菌病检测应符合 GB/T 18646 的规定，口蹄疫检测应符合 GB/T 18935 的规定。

10 驼羔选育

10.1 种用驼羔鉴定

在驼羔初生、周岁、断奶时按标准进行鉴定，体型外貌应符合品种标准。

10.2 种用驼羔选择

可采用系谱法、半同胞测定法，选择优良驼羔。母驼羔要选择生长发育良好、繁殖性能好、泌乳力强并符合本品种标准的个体。

11 档案管理

档案管理应按照《畜禽标识和养殖档案管理办法》的相关规定执行。

附 录 A
(资料性附录)
驼羔精料补充料配方一

精料组成								
原料	哈密瓜干	玉米	麸皮	豆粕	石粉	预混料	食盐	合计
比例（%）	30	35	8.5	20	1	5	0.5	100

附 录 B
(资料性附录)
驼羔精料补充料配方二

精料组成							
原料	玉米	豆粕	麸皮	棉籽饼	食盐	预混料	合计
比例（%）	60	12	10	12	1	5	100

第五章

展　望

骆驼乳及其乳制品是我国少数民族居民的传统食品和医疗用品，不仅营养丰富而且具有一定的保健作用。新疆的骆驼乳加工产业在国内外也处于领先地位，驼乳产业也是顺应“一带一路”发展战略而建设的重要的特色乳制品产业。随着人们对骆驼认识的不断提升，社会经济结构不断调整、消费不断升级、乳业科技不断创新、国民营养及保健意识不断增强，驼乳已成为高端乳制品，消费者日常生活中对驼乳制品的消费需求持续上升。尤其是在整个乳制品行业同质化严重，消费市场分级的大背景下，特色乳品开始得到消费者的追捧，骆驼乳市场也因此加速发展。骆驼乳需求呈现持续增长态势。根据天猫清渠数智联合发布的《乳制品趋势白皮书》显示，2022 年驼奶粉销售额涨势迅猛，提升幅度超 106%，驼奶粉的购买人数逐月增加，消费需求也在不断增加。

目前在骆驼乳制品市场上，需求侧对于品质的认同和供应侧对产品的宣传都将重心放在了骆驼乳质量上。国家监管部门、新闻媒体及广大消费者也日益关注骆驼乳制品的质量问题。而骆驼乳制品的生产、加工过程会导致骆驼乳制品质量检测结果产生异议和纠纷。从产业培育的角度，标准化可以强化产业资源统筹，带动产业融合和集群化发展，从而提升全产业链的竞争力。

为促进特色奶业高质量发展，进一步规范骆驼乳品生产及驼乳标准，以先进标准提升驼乳品质、引领消费品质量提升，倒逼产业升级，编写组梳理了驼乳的相关产品标准。我国近几年有关乳品品质标准、污染物限量标准、分析和检测的标准不断增加，缺乏骆驼饲养、骆驼乳及其制品的生产技术标准和操作规范。编写组梳理标准类型包括了行业标准、地方标准、团体标准。标准涉及的 10 种产品类别包括：驼乳粉、生驼乳、发酵驼乳、灭菌驼乳、巴氏杀菌驼乳、发酵驼乳粉、高温杀菌驼乳、调制驼乳粉。新疆作为驼乳的主产区，不断地探索规模化、标准化的驼乳生产技术，现已发布《双峰驼产奶生产性能测定技术规程》（DB65/T 4421—2021）、《新疆准噶尔双峰驼产乳期饲养管理规范》（DB65/T 4422—2021）、《双峰驼肠梗阻防治规程》（DB65T 4537—2022）、《乳用双峰驼繁殖技术规程》（DB6505T 165—2023）、《乳用双峰驼驼羔培育技术规程》（DB6505T 166—2023）等驼乳生产技术相关地方标准。标准规范了双峰驼规模化养殖场的建设，双峰驼产乳期饲养管理、产奶生产性能测定及疾病综合防治技术，为骆驼标准化饲喂管理、提高骆驼乳产量、保障乳品质量提供了科学依据。

驼乳产业正以其过硬的品质和市场稀缺性，快速布局奶业高端市场，逐步成为新疆奶业的特色亮点和精品名片。然而在驼乳市场，目前仍存在乳企良莠不齐，产品质量差距较大的问题。就历次发生的乳品质量安全事件来看，多是由于使用了不合格的原奶造成的。驼奶产业是一条完整的产业链，从养殖、生产、储存、运输、加工、销售、监管直至消费，每个环节都与驼乳制品质量安全密切相关，质量安全必须落实到每一个细微的环节。乳品行业是高度的产加销一体化行业，涉及从骆驼的饲养到乳品的加工、运输及市场的营销等方面，这中间任一环节的脱节都有可能导致前功尽弃。新疆骆驼主要是传统养殖模式，因骆驼挤奶有其特殊性，挤奶以手工和小型挤奶车为主，机械化程度不高，规范性和标准化较差。根据《乳品质量安全监督管理条例》的要求，乳品的生产要规范生产环境控制、饲料与饲养管理、挤奶操作、贮存与运输、疫病防治等技术环节使乳品达到质量安全国家标准。但相关标准的缺失使食品质量监管部门无法对特种乳及乳制品进行有效监管。不同企业生产的驼乳制品，即使是同一品种其理化指标也有一定差异，由此造成驼乳制品市场混乱，产品质量参差不齐，假冒伪劣产品时有出现，严重侵害了消费者权益并造成食品安全隐患。由于没有相应的国家标准，农牧民生产的特种乳生乳不能交售，造成巨大的经济损失和不良的社会影响。驼乳的规模化、标准化收购、生产、灭菌、加工技术许多还在摸索阶段，尚未形成相应标准。

制定驼乳和乳制品地方标准，有利于加强质量监管、提高产品质量、规范特种乳及乳制品市场、保障农牧民、加工企业和消费者的合法权益，促进特种乳产业健康稳定发展。推动统一的质量标准的制定和执行，一方面加快驼乳粉定量检测方法的应用，另一方面希望质量监管部门尽快出台驼乳的国家强制标准。同时制定产品参假参杂的相关检测标准及相关的指标，从源头上严把质量安全关，为社会提供更加优质的产品，让企业间公平竞争。对企业生产、市场规范而言，还存在竞争和监管空白。还应该加强骆驼饲养健康管理，做好疫病防控，并执行严格的休药期，提供优质无污染均衡饲草料。制定骆驼挤奶技术规范，加强挤奶过程中的风险管理监控，包括挤奶人员的操作、挤奶设备器具、原奶的贮存和运输等方面，大力推广移动式挤奶机和不锈钢挤奶用具。严厉打击掺假，加大对原料乳和成品掺假的检测和监督。加强与食品安全相关的法律法规建设及相关知识的普及，加大食品安全产业链各环节的抽检、监管力度及惩处力度。

大力发展新疆骆驼乳产业，应该遵循“和谐生态、合理推广、拓宽思路、科学攻关、良好生产、规范标准”的原则，通过实施科技攻关，选育高产骆驼，提高骆驼产奶量；摸索合理的饲养管理方法和科学的饲料配方；研发适宜骆乳的加工工艺；改进骆驼乳的采集、加工、运输、保藏程序及手段，走产业化经营的路子。进一步健全和完善饲草饲料生产、驼奶生产、收购加工等标准化体系，使骆驼乳生产严格按照国家食品质量安全管理体系规模化、标准化规范企业生产，以确保骆驼乳及其制品的质量安全，促进骆驼乳产业的健康、有序和可持续发展。制定驼乳产品相关的国家标准，对规范驼乳和驼乳制品市场、加强产品质量监管、协调牧企关系、保护消费者合法权益、促进驼乳产业健康稳定发展具有重要意义。

参考文献

MATI A, SENOUSSI C, ZENNIA S S A, et al., 2016. Dromedary camel milk proteins, a source of peptides having biological activities-A review [J]. International Dairy Journal, 73: 25-37.

董静，陈钢粮，齐新林，等，2016. 驼乳的理化指标及影响因素 [J]. 新疆畜牧业 (8): 23, 34-35.

符玉涓，茹仙古丽，兰玲，2013. 新疆双峰驼奶的营养及新疆双峰驼养殖技术 [J]. 山东畜牧兽医，34 (7): 63.

古丽巴哈尔·卡吾力，高晓黎，常占瑛，等，2017. 马乳与驼乳、驴乳、牛乳基本理化性质及组成比较 [J]. 食品科技，42 (7): 123-127.

韩海燕，蔡扩军，2023. 驼奶质量安全问题的现状及影响因素 [J]. 中国畜牧业 (4): 28-29.

何俊霞，哈斯苏荣，那仁巴图，等，2009. 驼乳医疗保健作用的研究进展 [J]. 食品科学，30 (23): 504-507.

吉日木图，2022. 骆驼乳现状及未来发展 [J]. 畜牧产业，408 (3): 45-47.

梁春明，操礼军，2022. 新疆骆驼奶产业发展现状及对策 [J]. 今日畜牧兽医，38 (9): 80-81.

陆东林，徐敏，李景芳，等，2017. 制定食品安全地方标准，促进特种乳产业健康发展 [J]. 新疆畜牧业 (1): 4-7.

陆东林，徐敏，李景芳，等，2019. 双峰驼乳的化学成分和营养价值 [J]. 新疆畜牧业，34 (5): 4-12

玛哈巴·肉孜，2023. 骆驼饲养管理技术要点 [J]. 特种经济动植物，26 (7): 88-89, 124.

努尔江·买迪尔，吐尔逊江·吾木尔艾力，迪亚尔，2016. 塔里木和准噶尔双峰驼生产性能比较分析 [J]. 畜牧与兽医，48 (9): 74-75.

托合塔森·皮达巴依，阿尼帕·库尔班，2015. 新疆塔里木双峰驼简要介绍［J］. 中国畜禽种业，11（11）：71-72.
王加启，郑楠，2016. 中国奶产品质量安全研究报告 . 2015 年度［M］. 北京：中国农业科学技术出版社.
王学清，蒋新月，杨洁，2014. 新疆双峰驼乳脂肪酸化学成分的 GC/MS 分析［J］. 中国乳品工业，42（1）：11-12，17.
徐敏，陆东林，马卫平，等，2014. 新疆双峰驼驼乳中矿物元素和维生素质量浓度检测［J］. 草食家畜（4）：68-71.
云振宇，蔡晓湛，张和平，2008. 骆驼乳产业的发展分析［J］. 农产品加工，153（11）：49-51.
郑楠，2009. 乳业标准体系建设与我国乳业发展的探究［J］. 大众标准化，185（12）：47-50.